I0478870

Análisis de imágenes de microscopía con ImageJ & Fiji

Por Víctor M. Campa Fernández

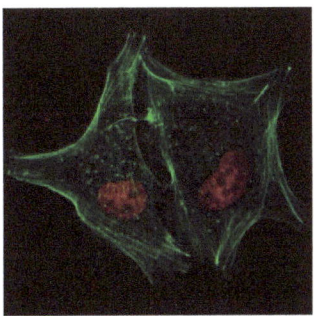

El contenido de este libro es el resultado de mi experiencia personal en el análisis de imágenes de microscopía y he puesto todo mi empeño en que la información aquí presentada sea lo más fiel y precisa posible. No obstante, esta es proporcionada sin garantía alguna y bajo ninguna circunstancia el autor se responsabiliza de ningún tipo de daño infringido por el uso de la información contenida en este libro.

En caso de que detectar alguna errata en el contenido del presente manuscrito, ya sea esta un tipo o un error en alguno de los comandos de ImageJ / Fiji, agradecería al lector que me informase de él a través de la dirección de correo: victormanuel.campa@unican.es para así poder subsanarlo.

Prefacio

Una gran cantidad de métodos experimentales actuales se basan en el análisis de imágenes. Es más, hoy en día para publicar un trabajo con experimentos de microscopía no es suficiente simplemente con mostrar las imágenes sino que muy frecuentemente los revisores piden datos cuantitativos que confirmen las observaciones del investigador. Por ello actualmente los microscopistas además de conocer técnicas de microscopía cada vez más y más avanzadas y denominadas por acrónimos imposibles de recordar (FRET, FRAP, FLIM, STED, STORM, PALM, FCS, RICS, TIRF) también debe desenvolverse con soltura en el área de análisis de imagen, un campo tradicionalmente ocupado por los matemáticos. Afortunadamente existen programas específicos para esta labor. Uno de los más populares, sino el más, entre los investigadores del área de las ciencias de la vida es el programa de libre distribución ImageJ y especialmente su versión Fiji (Fiji is Just ImageJ).

Este libro es una introducción al análisis de imágenes de microscopía, principalmente de microscopía de fluorescencia, con ImageJ. En los primeros capítulos se explican las principales características de las imágenes de microscopía y su relación con la resolución del equipo y se indican cuáles son los criterios que debe de seguir el investigador para un tratamiento ético y no artístico de las imágenes científicas. A continuación se presentan los programas ImageJ y Fiji y se describen las técnicas de procesado de las imágenes más habituales para proceder a su cuantificación. Finalmente se explica de una manera sencilla cómo cuantificar las imágenes mediante múltiples ejemplos prácticos de análisis cuantitativos detallados. En la siguiente web encontrarás un archivo.zip que contiene comprimidas las imágenes utilizadas en estos ejemplos.

Imágenes ejemplo:
https://drive.google.com/drive/folders/0BxDCQkjdYLA2UjZfWlRlUE9BYk0

Convenciones

En este libro encontrarás diferentes tipos de estilo de texto. El contenido general con información y discusión sobre los diferentes aspectos del análisis de imagen tratados en él los encontrarás en este mismo formato; por ejemplo: "Los histogramas representan la frecuencia de los diferentes valores de intensidad….". En cambio los comandos concretos que debes introducir para el análisis de imagen en ImageJ los encontrarás en el siguiente formato: `Image > Adjust > Brightness/Contrast… Set`". Lo que nos indica que debemos de hacer clic primero en el menú "Image", luego en el submenú "Adjust", a continuación en "Brighness/Contrast" y por último sobre la opción "Set" de esta herramienta.

Créditos

El texto y las figuras han sido creados íntegramente por Víctor M. Campa.
La preparación de las muestras y la adquisición de las imágenes de las siguientes figuras han sido realizadas por los investigadores indicados. Ignacio Varela Egocheaga: 3.2 y 4.12, Emilio Garro: 3.4, Juan López Giménez: 4.5, 4.16, 4.21, 5.4, 5.5, Patricia Saiz López: 4.9, Endika Haro: 5.8, Raúl Fernández López: 3.5, 4.10, Maria Fuencisla Pilar Cuellar: 4.11, Elsa Valdizán: 4.20, 6.13, Berta Casar Martínez: 5.9, Lorena Agudo y Andrea Quintanilla: 6.1 a 6.9.

Agradecimientos

Quiero expresar mi agradecimiento a todos los investigadores del IBBTEC que me han prestado sus imágenes para ilustrar este libro con ejemplos reales de análisis y cuantificaciones que realizamos habitualmente en el centro y que han hecho que este trabajo sea posible. Además, también me gustaría dar las gracias a mi mujer e hijos sin cuyo apoyo no hubiese tenido ni el tiempo ni las ganas de escribir el presente manuscrito.

Índice

Capítulo 1. Las imágenes digitales

1.1   Imágenes Digitales

Las imágenes digitales de microscopía se forman cuando los fotones procedentes de la muestra llegan a través de un objetivo a un detector, el cual suele ser una cámara (CCD, sCMOS o EMCCD) pero también puede ser un fotomultiplicador, un detector tipo avalancha o un detector híbrido. En este detector los fotones se convierten en una señal eléctrica que es leída por un convertidor analógico-digital y convertida en un número directamente proporcional a esta. Para realizar un análisis cuantitativo de las imágenes de microscopio es muy importante que la adquisición de las imágenes se haga de manera adecuada, para lo cual es fundamental conocer los principios de la técnica que estamos utilizando, pero también es necesario saber que la calidad de las imágenes no depende únicamente del número de megapíxeles sino que existen otros factores que la determinan. De hecho, en imágenes de epifluorescencia de elevada magnificación un elevado número de megapíxeles puede llegar a ser contraproducente ya que es fácil realizar un sobremuestreo de la muestra que aumenta la posibilidad de sufrir aclaramiento o fototoxicidad.

Las principales características que nos encontramos habitualmente, y debemos conocer, en una imagen de microscopía son las siguientes:

Tamaño. Número total de píxeles = **anchura** (en píxeles) x **altura** (en píxeles) /10^6. Normalmente expresado en megapíxeles

Campo de visión o **Field of View** (**FOV**). Es el área real, normalmente en μm^2, que representa la imagen = **anchura real** (en μm) x **altura real** (en μm).

Tamaño de impresión. Es el tamaño, normalmente en mm^2, que tiene la imagen al imprimirla = **anchura de impresión** (en mm) x **altura de impresión** (en mm).

Píxeles por pulgada o ***dots per inch*** (**dpi**). Se refiere a la densidad de píxeles de la imagen impresa, la cual va a depender de la calidad de la impresión. En impresoras profesionales el número de píxeles por pulgada llega a 600dpi para las imágenes de color y hasta 1000dpi para las imágenes en blanco y negro. Por ejemplo el tamaño óptimo de impresión de una imagen de 1200 píxeles a 600 dpi es de 2 pulgadas. Si se imprime a un tamaño menor la impresora no imprimirá todos los píxeles y se perderán algunos detalles. Si por el contrario se imprime a un tamaño superior de 2 pulgadas con una densidad de 600 dpi se están añadiendo más píxeles de los que tiene la imagen original.

Magnificación. Es la relación entre el tamaño de impresión y el campo de visión o tamaño. Es preferible incluir una barra de escala ya que la magnificación de la imagen varía al cambiar el tamaño de impresión.

Área real. Superficie real que representa la imagen en micras. Es equivalente al campo de visión.

Área relativa. Número total de píxeles. Equivalente al tamaño en megapíxeles. Al multiplicar el área relativa por el tamaño del píxel se obtiene el área real.

Tamaño del píxel de la imagen. Es la anchura y altura real que representa cada píxel. No hay que confundirlo con el tamaño del píxel del chip de la cámara. En el caso particular de imágenes adquiridas según el criterio de muestreo de Nyquist para convertir una señal analógica (muestra) en una digital (imagen), el tamaño del píxel será unas 2,3 veces menor que la resolución del objetivo.

Tamaño del píxel del chip de la cámara. Es el tamaño real que mide cada uno de los detectores (píxeles) del chip la cámara. Para obtener la máxima resolución de nuestro equipo este valor debe de ser al menos 2,3 veces menor que la *point spread function* ó PSF del objetivo que utilicemos (ver más adelante criterio de Nyquist).

Disco de Airy. Llamado así en honor al matemático George Biddell Airy (1801 – 1892) el disco de Airy es la superficie que ocupa sobre el chip de la cámara una fuente de luz puntual. Este valor depende de la resolución del objetivo, que a su vez depende de su apertura numérica (NA).

PSF (*Point Spread Function*). Es la función matemática que describe al disco de Airy tridimensionalmente se utiliza durante la deconvolución de una imagen para mejorar la resolución de las imágenes al reasignar los valores de intensidad al lugar del que proceden en la muestra. La PSF se puede calcular teóricamente si conocemos la apertura numérica del objetivo, el medio de inmersión y la longitud de onda de la fluorescencia, aunque siempre es mejor registrarla en nuestro microscopio ya que cada objetivo presenta sus propios defectos de fabricación.

Criterio de Nyquist. Harry Nyquist (1889 – 1976) fue un ingeniero sueco que estableció que la frecuencia de muestreo de una señal debe ser más del doble que la frecuencia máxima de la misma para que esta pueda ser reproducida con fidelidad. En el caso de las imágenes de microscopía la frecuencia máxima es el tamaño de los detalles más finos (ver 4.24) por lo que el tamaño del pixel óptimo para muestrearla es 2,3 menor. Un tamaño de píxel mayor produciría inframuestreo y pérdida de resolución y uno menor sobremuestreo y riesgo de fototoxícidad y *photobleaching*.

Criterio de Rayleigh. John William Strutt, 3rd Baron Rayleigh (1842 – 1919) fué un físico británico que estableció el criterio más utilizado hoy en día para definir la resolución de un microscopio. Según este criterio dos objetos puntuales se pueden resolver cuando están separados una distancia igual o mayor que el diámetro de un disco de Airy. Esta distancia se corresponde a una resolución lateral de 1,22 λ /2 NA y a una resolución axial de 1,4 n λ / NA^2 (n = índice de refección del medio, λ = longitud de onda de la emisión de fluorescencia, NA = apertura numérica del objetivo) en microscopía de fluorescencia convencional (no confocal).

Resolución del objetivo. Según el criterio de Rayleigh (ver arriba criterio de Rayleigh) la resolución = 1,22 λ /2 NA (λ = longitud de onda de la luz, NA = apertura numérica del objetivo). Por ejemplo, la resolución a 550nm de un objetivo con una magnificación de 63 y con una apertura numérica de 1,4 es de 239nm. La PSF de este objetivo, que es igual a la resolución multiplicada por los aumentos, es de unos 15μm. Por lo tanto para capturar la imagen sin realizar sobremuestreo y sin pérdida de resolución el tamaño del píxel de la imagen debería de ser de 103nm (239nm/2,3) por lo que se necesitaría una cámara con píxeles de 6,5μm (103nmx63), lo que se podría conseguir con una cámara tipo sCMOS como la OrcaFlash4.0 de Hamamatsu cuyo tamaño de píxel es de 6,5micras, pero no con una cámara EMCCD como la iXon855 de Andor cuyo tamaño de píxel es de 8 micras. Para esta última sería necesario un objetivo con al menos una magnificación de 100 para realizar un muestreo según el criterio de Nyquist.

Formato del archivo de imagen: TIFF, JPEG, etc. Los archivos con formato TIFF (*tagged image file*) además de que pueden contener metadatos guardan la información de la imagen sin comprimir y por lo tanto son adecuados para análisis cuantitativos. Por el contrario las imágenes de tipo JPEG (*Joint Photographic Experts Group*) realiza una compresión en la que se pierde de forma irreversible una cierta cantidad de información y por lo tanto no se deben utilizar imágenes con este formato para cuantificar.

Tipo. Las imágenes pueden ser en color o en escala de grises. Dentro del primer tipo estás pueden ser RGB (*red, green, blue*), CYMK (*cyan, yellow, magenta, black*) o HSB (*hue, saturation, brightness*) en función de cómo se codifique el color.

Profundidad de bits (*bit depth*). Es el número de bits de información que cabe en cada píxel de cada uno de los canales de una imagen. En el caso de imágenes en escala de grises es el número de tonos de gris de la misma. Para las imágenes en color se refiere al número de bits por canal. Los archivos de imagen deberían de tener igual o mayor número de bits que los que pueden ser capturados por la cámara, que en el caso de cámaras científicas es generalmente 12 o mayor. Además, únicamente las imágenes de 32 bits pueden contener valores negativos y decimales lo que es importante tener en cuenta si a la hora de cuantificar vamos a realizar operaciones como restas o divisiones.

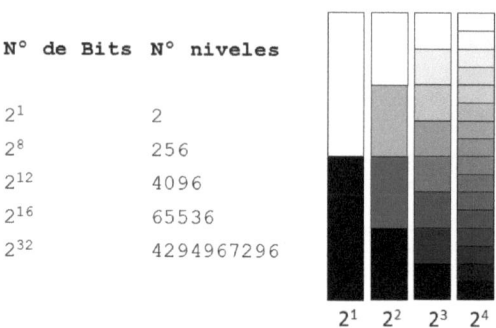

N° de Bits	N° niveles
2^1	2
2^8	256
2^{12}	4096
2^{16}	65536
2^{32}	4294967296

2^1 2^2 2^3 2^4

Figura 1.1 Profundidad de bits y niveles de gris.

Stack. Es un conjunto de imágenes bidimensionales, normalmente ancho (x) y alto (y), apiladas para generar una dimensión adicional que puede ser o bien la profundidad (z), el tiempo (t) o el color (ch).

Hyperstack. Es el conjunto de dos o más *stacks* combinadas para crear dos o más dimensiones adicionales.

Dimensiones de la imagen (X, Y, Z, Ch, t). Anchura, altura, profundidad, canal, tiempo.

Vóxel (***Volumetric Píxel***). Es un píxel con profundidad (z). En *stacks* tridimensionales (x, y, z) se debería de hablar de vóxeles y no de píxeles. Debido a que la resolución y el muestreo es menor en z que en xy los vóxeles tienen forma de prisma. Su ancho y largo es la de los píxeles de las imágenes que forman la *stack* y la profundidad es la distancia entre planos consecutivos de esta.

LUT (***Look Up Table***). Es la tabla que utilizan los programas para representar coloreadas en pantalla las imágenes en escala de grises. Las imágenes de fluorescencia, en especial si se van a cuantificar, se deberían de adquirir con cámaras monocromáticas. Una vez adquiridas, el software utiliza una LUT para convertir la intensidad de cada píxel en el color que se muestra en pantalla sin modificar los valores de intensidad que se hallan en el archivo de imagen. Normalmente se utilizan colores puros (azul, verde, rojo) para representar la fluorescencia de fluoróforos con emisiones en ese color (DAPI, Alexa488,

Alexa594), pero también se pueden utilizar LUTs especiales como el "pseudocolor" para representar mejor diferencias entre intensidades.

Metadatos. Son el conjunto de datos adicionales relativos a la fecha, configuración del equipo, parámetros de adquisición de la imagen, dimensiones de esta, etc. que se guardan en el archivo de imagen. Es recomendable conservar los archivos específicos del software del microscopio (.lif, .zvi, .nis) porque son los únicos que contienen los metadatos relativos a la configuración del mismo.

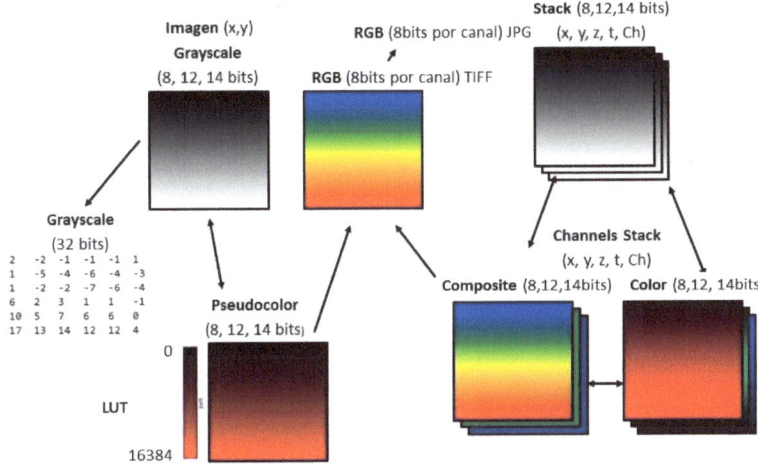

Figura 1.2 Tipos de archivos de imágenes y conversiones que se pueden realizar entre ellos.

1.2 Cuantificación de imágenes digitales

El análisis y cuantificación de las imágenes digitales se puede dividir en cuatro procesos o pasos diferentes, la **adquisición**, el **preprocesado**, la **segmentación** y la **cuantificación** propiamente dicha.

Aunque en esta guía se centra únicamente en el tratamiento de las imágenes ya adquiridas, cómo he mencionado previamente y vuelvo a insistir ahora, para obtener unos resultados fiables y reproducibles es fundamental que la **adquisición** se haga de forma correcta y de una forma compatible con el tipo de análisis que se va a realizar. Por ejemplo, para realizar un análisis morfométrico (distancias, tamaño, superficie, etc.) no basta con conocer la magnificación del objetivo que estamos utilizando sino que es fundamental que la imagen este correctamente calibrada. Por otro lado si lo que vamos medir son intensidades es necesario conocer la relación entre la señal emitida y la detectada. Esta relación normalmente es lineal en las imágenes de fluorescencia si la cámara funciona correctamente y la luz detectada es proporcional a la concentración del fluoróforos en la muestra siempre y cuando no existan fenómenos como el FRET o el *quenching*. No obstante, es frecuente que se pierda esta linealidad con los valores altos de intensidad, donde la cámara ya está cerca de su saturación; y por supuesto se pierde completamente en imágenes sobreexpuestas ya que el número de fotones que puede detectar la cámara es finito. Por ello es necesario conocer la respuesta de la cámara que vamos a utilizar para adquirir las imágenes. Si no estamos seguros si la respuesta es lineal esto se puede comprobar adquiriendo imágenes de beads con fluorescencias relativas conocidas o de diluciones seriadas de un fluoróforo con un espectro similar al de nuestro experimento.

Al contrario de las imágenes de fluorescencia, que se adquieren con cámaras monocromáticas y en las cuales la longitud de onda de los fotones detectados está determinada por el bloque de filtros utilizados, en las imágenes obtenidas de muestras con tinciones histoquímicas o inmunocitoquímicas, el color de la imagen no refleja la concentración del químico (hematoxilina, eosina, DAB, etc.) que origina el color. Esto es debido la velocidad de la reacción puede ser más elevada en unas zonas que en otras y en las zonas de elevada expresión la concentración local del cromóforo puede estar lejos de la saturación y por tanto de la velocidad máxima de la reacción. Por otro lado cromóforos como el DAB no siguen la ley de Lambert Beer y su absorción no es directamente proporcional a su concentración sino que su tono varía dependiendo de su concentración. Por ello con este tipo de tinciones no se pueden extraer datos cuantitativos a no ser que se calibre el color de las imágenes con concentraciones conocidas del cromóforo.

Una vez adquiridas las imágenes, el primer y más importante paso para proceder a su análisis es el **preprocesado**. Este incluye una serie de procedimientos como, ecualización, normalización, filtrado o convolución, deconvolución, etc. cuyo objetivo principal es mejorar la relación señal ruido y aumentar el contraste de las imágenes para que el siguiente paso en el análisis, que es la segmentación, sea más preciso y reproducible.

Una vez que las imágenes han sido preprocesadas se puede proceder a su **segmentación**, cuyo objetivo es delimitar una o varias regiones dentro de la imagen que engloben únicamente a los objetos de interés excluyendo al resto de la imagen. Estas se denominan **ROI** (*Regions Of Interest*) y normalmente se seleccionan o bien mediante un umbral de intensidad establecido de forma que los objetos de interés tengan una intensidad superior a este umbral y el resto de la imagen inferior o bien mediante una máscara (esto es una imagen binaria).

Finalmente se realiza la **cuantificación** de las imágenes utilizando estas regiones de interes (ROI) sobre las imágenes originales y nunca sobre las procesadas. Únicamente cuando el objetivo del procesado inicial es corregir distorsiones producidas por la óptica (por ejemplo corregir una iluminación no homogénea o ciertos algoritmos de deconvolución cuantitativos) o cuando se produce una modificación lineal en todos los píxeles (por ejemplo la sustracción de un valor determinado a todos los píxeles para reducir el fondo) se puede cuantificar sobre las imágenes procesadas.

Capítulo 2. Consideraciones éticas en el análisis de imágenes digitales

2.1   Consideraciones previas

En microscopía óptica, al igual que con fotografía, obtenemos la imagen de un objeto al enfocar la luz (reflejada, transmitida, emitida) procedente del mismo en un detector. Tradicionalmente estas imágenes se capturaban mediante películas fotográficas pero, con el desarrollo tecnológico de los ordenadores y de la fotografía digital, hoy en día son capturadas en forma de archivos informáticos fácilmente editables con cualquier programa de edición de imágenes fotográficas como Adobe Photoshop, el propio Paint de Windows o ImageJ. Gracias a este tipo de programas, hoy en día todo el mundo puede realizar de una manera muy sencilla manipulaciones en las imágenes que antes solo podían realizarse en un laboratorio de fotografía por personal especializado. Esto ha popularizado la fotografía y ha posibilitado aplicar todo tipo de técnicas de análisis de imagen sin más equipamiento que un PC. No obstante, hay que tener siempre presente que aunque la fotografía y la microscopía comparten fundamentos y técnicas su finalidad es completamente diferente. Mientras que la fotografía tiene una finalidad artística y estética, en microscopía nuestro objetivo es responder a una pregunta científica y por lo tanto la mejor imagen es aquella que mejor represente la realidad y no la más bonita.

La manipulación malintencionada de imágenes con la finalidad de alterar el resultado de los experimentos es, en mi opinión, muy infrecuente entre la comunidad científica; y es en gran parte gracias a ello que los científicos están tan bien valorados por el resto de la sociedad. Lamentablemente, la manipulación indebida de imágenes científicas por simple desconocimiento de lo que es correcto hacer y lo que no lo es durante su manipulación es bastante frecuente. Así que con el objetivo de orientar a los investigadores que están introduciéndose en el mundo de análisis de imágenes a procesar sus imágenes de una forma correcta y ética he escrito la siguiente guía. La guía en si consta de 14 puntos basados en el sentido común que recomiendo seguir para el tratamiento de las imágenes.

Aunque está guía está centrada en la manipulación de imágenes, no está de más recordar que todas aquellas imágenes que se vayan a comparar entre si deberían haberse realizado a partir de muestras tratadas igual y haber sido tomadas en el mismo equipo y con los mismos parámetros de adquisición. Además éstas deben de contar con los controles experimentales (control negativo, control positivo, etc.) y técnicos (*bleedthrough*, inespecificidad de anticuerpos, etc.) adecuados.

2.2 Decálogo para la correcta manipulación de imágenes científicas

A continuación encontrarás un "decálogo" de catorce puntos que hay que tener en cuenta para una correcta manipulación de imágenes científicas en general y de microscopía en particular. Este decálogo se podría resumir en utilizar el sentido común, evitar manipulaciones innecesarias y sobre todo indicar en la metodología de nuestro trabajo cualquier manipulación que realicemos.

I.   Guardar las imágenes en el formato original.

Las principales casas comerciales de microscopios desarrollan su propio software para la adquisición de imágenes. Cada uno de estos programas genera archivos con extensiones propias (.lei, .oli, .zvi, .nis) en los que además de la imagen se guarda información adicional como: el tipo de objetivo, el tiempo de adquisición, los filtros, etc., incluyendo las modificaciones y ajustes que se han realizado sobre la imagen. Los archivos de imagen en sus formatos originales son nuestros datos experimentales e independientemente de que exportemos las imágenes a otro formato más convencional (.tiff, .jpg) debemos conservarlos.

II.   La manipulación de las imágenes nunca debería de realizarse sobre los archivos originales.

Toda manipulación de las imágenes, incluyendo el simple ajuste de brillo y contraste, debería de realizarse sobre una copia y nunca sobre la imagen original. Conservar una copia de los archivos originales sin manipular es la única protección que el investigador tiene contra una acusación de fraude y además es la única manera de recuperar la imagen en caso de un error durante su procesado. Resulta muy conveniente utilizar para los ajustes ImageJ o Fiji ya que estos programas son capaces de leer los archivos generados por el software de los microscopios (para ello es necesario que tener instalado el *pluging* Bio-Formats), pero no de generarlos por lo que nunca sobreescribiremos el archivo original.

III.   Los ajustes de brillo, contraste y gamma son aceptables.

Eso siempre y cuando se realice a la totalidad de la imagen y se apliquen exactamente los mismos ajustes a todas las imágenes que se están comparando entre sí. Los ajustes deberían de ser moderados y no deberían eliminar la información en una parte significativa de la señal ya que en ese caso lo más correcto es volver a adquirir la imagen con exposición adecuada. Por último, hay que tener en cuenta que los ajustes de gamma no son lineales por lo que se pierde la relación lineal entre señal emitida y detectada. Esto quiere decir que una célula con el doble de expresión que otra, no tendrá el doble de brillo sino que tendrá más del doble (gamma negativo) o menos del doble (gamma positivo) por lo que es recomendable indicar el valor de gamma que se ha utilizado en el apartado de métodos.

IV.   Recortar una parte de la imagen es aceptable.

Siempre y cuando se haga sin la intención de ocultar información. Hay que intentar que las células recortadas sean representativas de la población y no únicamente aquellas que satisfacen nuestras hipótesis. Además hay que plantearse cuál es la necesidad de recortar una imagen. ¿Mostrar un detalle con mayor aumento? ¿O simplemente mejorar la estética de la imagen o eliminar partes que no podemos explicar? Por último, si vamos a recortar una imagen hay que considerar el número de píxeles mínimo que necesitamos para imprimirla al tamaño deseado (normalmente de 300 a 600 píxeles por pulgada de papel).

V.   Se puede cambiar la LUT de las imágenes.

Los microscopios de fluorescencia generalmente utilizan cámaras en blanco y negro ya que estas son más sensibles que las cámaras en color. Y en los microscopios confocales, en los que un láser escanea la muestra para generar la imagen, el detector suele ser un fotomultiplicador y no una cámara. Por lo tanto son los filtros del microscopio los que determinan la longitud de onda - el color - de los fotones que llegan al detector y la imagen capturada es una imagen en blanco y negro (niveles de gris). Sobre esta imagen el software aplica una LUT (Look Up Table) que convierte la imagen original en una con uno o varios colores al asignar cada nivel de gris un color concreto. Generalmente se utiliza una LUT del color puro más próximo al espectro de emisión de los fluoróforos (azul: DAPI, Hoechst; verde: GFP, FITC, Alexa488; rojo: TexasRed, TRITC, Cy3, Alexa568, Alexa594), pero no tiene porque siempre que se indique en el pie de figura o en materiales y métodos la LUT utilizada. De hecho, a menudo resulta conveniente utilizar una LUT especial formada por varios colores para visualizar mejor las diferencias de intensidad de fluorescencia.

VI.   Las condiciones de adquisición de las imágenes que queremos comparar entre si y los ajustes realizados sobre ellas deberán de ser idénticos.

Si por algún motivo esto no es así tenemos que indicarlo en la descripción de la figura y apartado de métodos. Además, si hemos utilizado otra imagen no presentada para sustraer el fondo, el *bleedthrough*, o para compensar diferencias en la iluminación también deberíamos de indicarlo.

VII.   Los ajustes y manipulaciones deberían de realizarse a la imagen entera y no a partes o regiones de interés (ROI) de la misma.

Ajustar el brillo y contraste únicamente a las zonas de señal es un fraude.

VIII.   Duplicar partes de la misma imagen o copiar trozos de otra imagen es fraudulento.

En particular no se debe utilizar la herramienta de clonación para eliminar partes de la imagen que no nos interesan. Tampoco se pueden recortar áreas de diferentes imágenes y pegarlas en la misma ni siquiera cuando formen parte de la misma muestra. Esta práctica además de fraudulenta es detectable ya que existen programas para identificar zonas clonadas o recortes dentro de una imagen. Esto, obviamente no se refiere a la creación de mosaicos en los cuales se están solapando, y no recortando, diferentes imágenes para combinarlas entre sí y que es aceptable.

IX.   Utilizar con precaución los filtros y en ningún caso utilizar imágenes filtradas para realizar medidas cuantitativas.

La aplicación de un filtrado gaussiano o mediana ayuda a suavizar el ruido de las imágenes. No obstante, el empleo de filtros cambia el valor de cada píxel de la imagen en función del valor de los píxeles vecinos y por ello hay que indicar el tipo y radio del filtro empleado los métodos. Por otro lado, los filtros son muy útiles como paso previo a una segmentación, pero una vez segmentada la imagen la cuantificación de la señal debería de realizarse directamente sobre la imagen original.

X.   Las mediciones de intensidad de la señal tienen que realizarse en las imágenes sin procesar.

Durante los ajustes de la imagen se modifica el valor de los píxeles de la imagen, a menudo de una forma no lineal, y por lo tanto las imágenes procesadas no sirven. Además las imágenes deberían de haberse realizado no solo con la misma configuración del microscopio sino que también deberían de haberse tomado a la vez (el mismo día) ya que la intensidad de la iluminación o la alineación de la lámpara o los láseres puede variar con uso. También resulta recomendable asegurarse que el aparato está correctamente calibrado y que la intensidad de la señal detectada es directamente proporcional a la emitida. Para ello habla con el técnico antes de realizar experimentos que envuelvan mediciones cuantitativas. Una excepción a esta regla son los casos en los que estamos seguros que o bien el procesamiento mantiene la linealidad de señal, como cuando se resta el mismo valor de intensidad a todos los píxeles para reducir el fondo o cuando se aplica una deconvolución cuantitativa para aumentar el SNR (*signal to noise ratio*). Otra excepción, serían aquellas manipulaciones encaminadas a corregir las alteraciones producidas por las aberraciones del objetivo o la iluminación, como corregir la diferencia de intensidad entre el centro y los bordes de la imagen producida por la curvatura de la lente o corregir las diferencias de localización de los canales debida a la aberración cromática del objetivo. No obstante en este caso siempre deberíamos usar imágenes de referencia para corregir correctamente estas aberraciones.

XI.   Las imágenes se pueden reducir, pero no aumentar de tamaño.

Si reducimos el número de píxeles de una imagen para disminuir su tamaño de impresión estamos perdiendo parte de la información que contiene, pero si aumentamos el número de píxeles nos los estamos inventando. Al reducir el tamaño de una imagen debemos de intentar que sea en múltiplos de dos ya que así los píxeles adyacentes se promedian y se minimiza la aparición de artefactos debido a interpolaciones. En caso de que sea necesario aumentar el número de píxeles de una imagen para su impresión, por ejemplo a tamaño poster, lo más correcto es no realizar ninguna interpolación al cambiar de tamaño. Esto debería de realizarse en programas de imagen como ImageJ, Fiji o Photoshop, ya que cuando cambiamos el tamaño en programas como Powerpoint o Word interpolan para obtener la imagen final.

XII.   Prestar atención a los cambios de formato de las imágenes.

Las cámaras de los microscopios modernos pueden capturar imágenes con 12 (4.095 niveles), 14 (16.384 niveles) o incluso más bits. Además, en fluorescencia se genera una imagen diferente por cada canal, lo que multiplica el número final de bits que contiene el archivo que genera el software del microscopio. Éste normalmente es muy superior a los 16 millones de colores que son capaces de mostrar los monitores o reproducir las impresoras de 24 bits (8 bits por canal para las imágenes RGB). Debido a que no es posible mostrar toda la información contenida en el archivo original, si convertimos una imagen de fluorescencia tomada de 14 bits a 8 bits y le aplicamos una LUT (*Look Up Table*), veremos la imagen convertida se mostrará en pantalla exactamente igual que la original, pero la información que contendrá el archivo (256 niveles) será mucho menor. Por ello, aunque sea necesario convertir la imagen a un formato que permita su reproducción (no todos los programas soportan imágenes de más de 24 bit en color o 8 bits en blanco y negro) hay que conservar el archivo original. Lógicamente si queremos cuantificar intensidades deberemos utilizar este archivo y no el convertido para ello.

XIII.   Evita usar JPEG y otros formatos comprimidos.

Cuando exportemos las imágenes de los archivos originales (.lei, oli, .zvi) a otros formatos más convencionales deberemos de usar siempre formatos sin compresión como TIFF y nunca formatos como .JPEG. JPEG únicamente es válido para publicar imágenes en una web o realizar presentaciones con el Powerpoint. En caso de que sea absolutamente necesario comprimir las imágenes utiliza un algoritmo de compresión sin pérdida como LZW.

XIV.   **Incluye siempre una barra de escala en tus imágenes.**

La magnificación que con la que vemos una muestra en el microscopio resulta de multiplicar la magnificación del objetivo por la del ocular. En cambio la magnificación de una imagen no solo depende del objetivo sino del tamaño con el que se ha imprimido y resulta de dividir el tamaño de impresión del tamaño real. Por ello debemos añadir a todas las imágenes una barra de escala que nos indique el tamaño real. Normalmente los microscopios suelen estar calibrados por lo que resulta muy sencillo saber cuál es el tamaño real del área la muestra que hemos fotografiado. Si esto no es así siempre podemos calibrarlo mediante un porta de calibración o en su defecto con una cámara de Neubauer ya que el lado de los cuadrados inscritos en ella es conocido (ver las especificaciones de la cámara).

Capítulo 3. Instalación y herramientas básicas de ImageJ & Fiji

3.1 Presentación de ImageJ y Fiji

Aunque existen multitud de programas de análisis de imágenes como pueden ser Volocity, Huygens, Matamorph o Imaris y también diferentes módulos de análisis más o menos completos dentro de los programas desarrollados por las principales compañías de microscopía como el NIS (Nikon), LASAF (Leica), ZEN (Carl Zeiss), o FluoView (Olympus) - todos ellos de pago - sin duda el mejor programa para iniciarse en el análisis de imagen es ImageJ, también conocido como Fiji (Fiji is Just ImageJ). Fiji o ImageJ es un software libre que cuenta con una amplia comunidad de desarrolladores que continuamente diseñan utilidades para todo tipo de análisis en forma de macros o pluggins, que cuando son muy populares llegan a incorporarse en el menú principal del programa. Además, gracias al *pluging* (Bio-Formats), que ya ha sido incluido por defecto en la instalación básica de Fiji, podemos abrir pero no escribir - lo que a mi modo de ver es una ventaja - los archivos generados durante la adquisición por el software específico de la mayoría de los microscopios: .lif (leica image file), .zvi (zeiss visión image), .czi (Carl zeiss image), .oib (olympus image binary), .dv (deltavision), .nd (nikon datafile). Además, ImageJ cuenta con un lenguaje de macros propio con el que se puede automatizar fácilmente cualquier proceso de análisis que desarrollemos. La programación de macros está fuera de los objetivos de esta guía, pero en el apartado de desarrolladores de la web oficial de ImageJ se encuentra una magnifica guía escrita por Kota Miura (https://imagej.nih.gov/ij/developer/). Quizás el principal inconveniente sea el hecho de que no es un software demasiado intuitivo y pueda parecer inicialmente algo complejo - aunque no más que muchos de los programas de pago - ofreciendo en ocasiones herramientas diferentes y situadas en distintos menús para realizar una misa operación. Por otro lado, los algoritmos de algunos métodos de análisis más avanzados como pudieran ser la deconvolución o el análisis tridimensional no están tan refinados como en los softwares de pago.

En este capítulo se explica cómo instalar el programa y cuáles son las herramientas básicas que nos van a permitir realizar con facilidad el procesamiento y análisis de imágenes de microscopía. Además, dentro del apartado de documentación de la propia página web de ImageJ se encuentra una extensa guía – disponible en pdf - con información de todas las funciones y herramientas disponibles (https://imagej.nih.gov/ij/docs/index.html/).

3.2   Descarga e instalación del programa

Tanto ImageJ como su versión Fiji se descargan desde sus páginas oficiales y existen versiones para PC, Mac y Linux. Para instalar el programa únicamente es necesario descomprimir el archivo de descargar, aunque para evitar problemas con las actualizaciones es recomendable hacerlo directamente en el directorio raíz y no dentro de la carpeta de archivos de programa. También es necesario tener Java instalado y actualizado en nuestro ordenador. ImageJ es el programa original desarrollado en el National Institute of Health (NIH) americano por Wayne Rasband, pero para el análisis de imágenes de fluorescencia es preferible instalar Fiji ya que en el paquete de instalación se incluyen varios plugins muy útiles (como el Bio-Formats) que tendríamos que instalar posteriormente en ImageJ. Fiji es una distribución de ImageJ basada en ImageJ2, el cual no es mantenido por Wayne Rasband sino que ha sido elaborado a partir del ImageJ de Wayne Rasband por una asociación independiente y que tiene la ventaja para los desarrolladores de aceptar además de Java otros lenguajes de programación muy populares entre los investigadores de las ciencias de la vida como Python o R. Personalmente yo tengo ambas versiones instaladas ya que tampoco ocupan demasiado espacio, si bien es verdad que utilizo habitualmente Fiji.

ImageJ   http://rsbweb.nih.gov/ij/
              http://rsbweb.nih.gov/ij/download.html/

Fiji   http://fiji.sc/wiki/index.php/Fiji/
              http://fiji.sc/Installation/

Descargar la versión adecuada a nuestro sistema operativo. Si no estamos seguros pulsar con el botón derecho del ratón sobre Equipo > Propiedades en Windows o About this Mac... en Apple.

Una vez instalado, deberíamos especificar la cantidad de memoria utilizada por el programa para optimizar su rendimiento en nuestro equipo.

Edit > Options > Memory & Threads.

La memoria máxima debería ser 3/4 de la memoria RAM disponible. De nuevo podemos conocer la memoria RAM de nuestro PC haciendo clic con el botón derecho sobre Equipo > Propiedades. Si el programa no se inicializase después de modificar la memoria, hay que borrar el archivo ImageJ.cfg, reinicializar el programa y configurar un valor de memoria más bajo.

Para conocer la versión de ImageJ o Fiji que tenemos instalado y actualizar el programa tenemos las siguientes herramientas.

Help > About ImageJ...

```
Help > Update ImageJ…
Help > Update Fiji…
```

3.3   Abrir y guardar archivos

Para abrir los archivos originales de nuestro microscopio, que por otro lado son los únicos que incluyen metadatos relativos a la configuración del equipo y a los parámetros de adquisición, sin tener que convertirlos a otro formato necesitamos el *pluging* Bio-Formats.

LOCI Bioformats: http://loci.wisc.edu/software/bio-formats

Este *pluging* ya viene preinstalado por defecto en las últimas versiones de ImageJ y Fiji y permite abrir los archivos de imagen más habituales en microscopía: .tiff, .avi, .lif, .zvi, .nd2, .oif, etc. En cualquier caso, para instalar éste u otro *pluging* hay que descargar el archivo correspondiente (loci_tools.jar para instalar Bio-Formats) y guardarlo en la carpeta plugins que está dentro de la carpeta del propio ImageJ o Fiji. Al reiniciar el programa el *pluging* será reconocido.

Pluggins > LOCI > Update LOCI pluging para actualizar el *pluging*.

Una vez instalado podemos abrir nuestros archivos simplemente arrastrándolos a la barra de estado o bien mediante el menú de archivos. En caso de archivos difíciles que no se abran correctamente podemos intentar abrirlos directamente desde el *pluging* de Bio-Formats. En cualquier caso en la web del *pluging* podemos encontrar cuales son los archivos que es capaz de leer.

Formatos disponibles:
http://www.openmicroscopy.org/site/support/bio-formats5.3/

File > Open… escoger el archivo.

Pluging > LOCI > Bio-Formats Importer…

Para abrir secuencias de Imágenes dentro de una misma carpeta: File > Import > Image Sequence…

Para importar como imagen un archivo de texto: File > Import > Text Image…

Por defecto al guardar el archivo ni ImageJ ni su versión Fiji sobreescriben el archivo original lo que como ya mencione es una gran ventaja ya que minimiza el riesgo de perder nuestros datos por una conversión o una modificación equivocada que antes o después seguro vamos a cometer. Podemos salvar los archivos a través del menú de archivos. File > Save As… y escogemos formato, que normalmente será .TIFF ya que no modifica los valores de intensidad de cada píxel y en este sentido es equivalente al original, aunque también podemos salvar las imágenes como `.jpg, .png, .avi, etc.`

Además de los formatos disponibles en la opción de salvar del menú de archivo existen otros formatos especiales para salvar archivos en el menú de Bio-Formats. `Pluggins> LOCI > Bio-Formats Exporter…`

También es posible exportar directamente los valores de intensidad de cada píxel a un archivo de texto que luego a su vez puede ser importado a Excel u otro programa de matrices como Matlab. `File Save As… > Text Image`

Una vez salvados los archivos se pueden ir cerrando uno a uno o podemos cerrar todos los archivos simultáneamente. Además también es posible ordenar las ventanas abiertas de diferentes formas.

```
File > Close
File > Close All
Window > Show All
Window > Cascade
Window > Tile
```

3.4   Información y propiedades de la imagen

En la parte superior de la imagen, además del nombre del archivo se puede ver el número de canales, planos, fotogramas y formato. Por ejemplo, `C:1/2 Z:3/6 t:5/10; 125x125 microns (1004x1004); 16bits; 714MB` nos indica que estamos viendo el primer de canal, tercer plano y quinto punto temporal de un *Stack* de dos canales, seis planos y diez tiempos con un tamaño de cada imagen de 1004x1004 píxeles que corresponden con 125 micras de la muestra y que el archivo nos ocupa 714MB de nuestra RAM.

Además en `Image > Properties…` podemos acceder además de esta información a información adicional relativa al tamaño del píxel y del vóxel o del tiempo entre fotogramas. Por otro lado en `Image > Show Info…` accedemos a la información del tipo de archivo y a sus metadatos, si bien estos no se presentan generalmente de una forma amigable y es preferible visualizarlos con el software del microscopio.

3.5   Zoom

`Seleccionar la lupa en la barra de herramientas.`

`Herramienta Lupa + Botón Izquierdo` ⇒ aumentar.

`Herramienta Lupa + Botón Derecho` ⇒ reducir.

`Herramienta Mano + Botón Izquierdo` ⇒ mover una imagen mayor que la ventana.

3.6   Copiar, pegar, cambios de formato y otras transformaciones

Copiar y pegar dentro del propio programa de ImageJ / Fiji `Edit > Copy` ⇒ `File > New > Internal Clipboard` (copia un solo plano en *stacks*) o `Image Duplicate > Duplicate Stack` (duplica la *stack* completa o un subconjunto de ésta).

Para **copiar** (Copy/Paste) a otros programas: `Edit > Copy to System`

Cambios de **formato**: `Image > Type`... (`8bits, 16bits, 32bits, RGB, etc.` Atención ya que no todos los cambios de formato son posibles.

Es posible convertir una *Stack* de imágenes (cada una con su LUT) en escala de grises como puede ser una imagen de fluorescencia multicanal en una imagen en color. No obstante, las imágenes en color únicamente tienen 8bits por cada canal (Red, Green, Blue) por lo que si el formato original tiene una profundidad mayor de bits vamos a perderla.

`Edit > Color > Channel Tools...` ⇒ `MORE > Convert to RGB`

`Image > Color > Stack to RGB`

`Image > Type > RGB`

Cambio de **tamaño**: `Image > Scale...` (interpolación linear o cubica) o `Image > Transform > Bin` (media, mediana, mínimo, máximo o suma de píxeles).

Antes de realizar el cambio de tamaño es necesario saber cuál es la resolución (dpi) a la que se imprimirá la imagen. Al reducir el tamaño de una imagen debemos de intentar que sea en múltiplos de dos ya que así los píxeles adyacentes se promedian y se minimiza la aparición de artefactos debido a interpolaciones. En caso de que sea necesario aumentar el número de píxeles de una imagen para su impresión, por ejemplo a tamaño poster, lo más correcto es no realizar ninguna interpolación al cambiar de tamaño.

Para **recortar** una imagen seleccionar con la herramienta de selección rectangular la zona de interés y a continuación `Edit > Copy` ⇒ `File > New > Internal Clipboard` (solo se copia el canal activo). De forma más sencilla, simplemente`Image > Crop` o `Image > Duplicate` o `Image > Duplicate… > Duplicate Stack` para aplicar a toda la *stack*.

Rotar, invertir y trasladar imágenes:

`Image > Transform > Flip`

`Image > Transform > Rotate…`

`Image > Transform > Translate…`

3.7   Histograma, ajuste de brillo y contraste y Look Up Tables

El histograma de una imagen representa en número de píxeles que hay en un intervalo de intensidades. Cómo se verá en el siguiente capítulo, el histograma es muy útil para comprobar si la exposición de una imagen es correcta y estimar su rango dinámico y contraste. El histograma de cada imagen se modifica con los cambios de formato. Al reducir el número de bits de la imagen se pierde información.

`Analyze > Histogram`

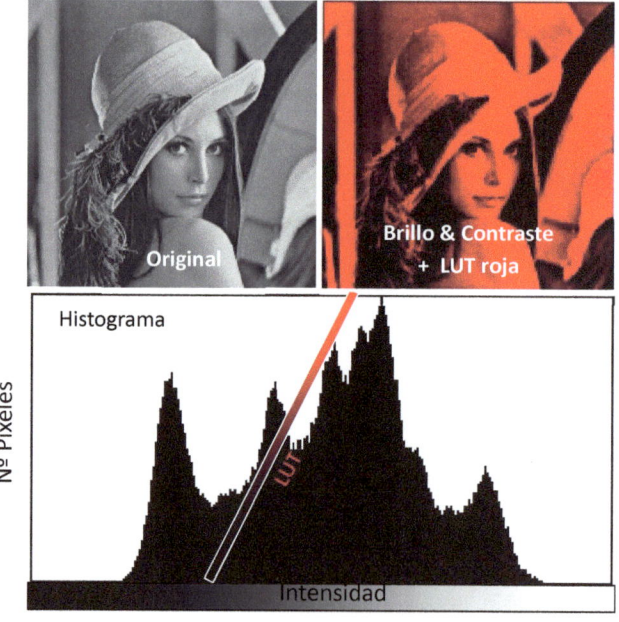

Figura 3.1 Ajuste de brillo y contraste.

Para ajustar el brillo y contraste: `Image > Adjust > Brightness / Contrast… Set`. Cuando modificamos el brillo y/o contraste de una imagen no se modifican los valores de intensidad de cada píxel, únicamente cambia la forma en la que se representan en pantalla. No obstante hay que tener mucho cuidado porque si aplicamos estos cambios a la imagen (`Image > Adjust > Brightness and Contrast… Apply`) sí que se modifican los valores de intensidad en función de cómo se muestra la imagen, de forma que se asigna el valor más alto posible al color blanco (225 para imágenes de 8bits) y una valor de cero al color negro. Como consecuencia de esto el histograma se estira (*streching*) y los valores de intensidad superiores e inferiores que se muestran todos como blanco o negro puro respectivamente.

Para ajustar el brillo y contraste en *Stacks* de varios canales: `Image> Color > Channels Tool…` ⟹ `Color`, seleccionar el canal deseado y ajustar en él el brillo y contraste.

Si queremos comparar visualmente imágenes entre sí además de adquirirlas con los mismos parámetros tenemos que aplicar a todas ellas el mismo valor de brillo y contraste. Para ello Abrimos todas las imágenes que se van a comparar entre sí y seleccionar la más brillante; normalmente el control positivo.

`Image > Lookup Tables > HiLo`. Los píxeles más oscuros aparecerán en azul y los más brillantes en rojo.

`Image > Adjust > Brightness/Contrast…` Ajustar el valor mínimo y máximo de manera que el fondo aparezca en azul y las áreas más brillantes en rojo y establecer los mismos valores para todas las imágenes a comparar. No hay que aplicarlos ya que el histograma se corta a la altura de los valores establecidos.

`Set > Apply to All Other Open Images > OK` ⟹ Comparar un canal entre diferentes imágenes.

`Set > Apply to All Other n Channel Images > OK` ⟹ Comparar imágenes de varios canales en la misma *Stack*.

Las imágenes de fluorescencia se suelen adquirir con una cámara monocroma y el color no sólo se asigna posteriormente de forma arbitraria mediante una LUT sino que ésta se puede cambiar fácilmente si lo deseamos. `Image > Lookup Tables > Color original`.

Las **LUTs** (*Lookup Tables*) se emplean para traducir los valores de intensidad de fluorescencia en los colores que vemos en la pantalla donde únicamente se pueden representar 256 (8bits) tonalidades de mismo color.

```
Image > Look Up Tables > Red, Green, Blue, Grays, HiLo,
16Colors, Red/Green
```

Las LUT se pueden editar y personalizar

```
Image > Color > Edit LUT…

Image > Color > Channels Tool… ⇒ Edit LUT…

Image > Color > Show LUT
```

Al contrario que las imágenes en escala de grises, las imágenes en color no utilizan LUTs sino que cada píxel tiene la información necesaria para representar el color en pantalla. Para ajustar el brillo y contraste en las imágenes en color tipo RGB:

`Image > Adjust > Brightness/Contrast…` Ajusta todos los colores simultáneamente.

`Image > Adjust > Color Balance…`Ajusta cada color por separado.

3.8 Protocolo 1. Ajuste de brillo y contraste en imágenes multicanal

No siempre es necesario proceder a la cuantificación de las imágenes. De hecho en los artículos, lo más habitual es presentar imágenes representativas de un experimento juntas en una misma figura para su comparación visual. Pero para poder comparar la intensidad de diferentes imágenes entre sí visualmente no basta con que se hayan realizado en las mismas condiciones y que se presenten con la misma magnificación sino que es fundamental que también se presenten con los mismos valores de brillo y contraste.

En este ejercicio vamos a jugar con los diferentes canales de una imagen de fluorescencia para familiarizarnos en como ajustar su brillo y contraste.

`Image > Adjust Brightness & Contrast…` para ajustar los niveles de brillo y contraste de las imágenes. Si queremos comparar visualmente imágenes entre sí además de estar adquiridas de la misma forma deben de tener los mismos valores de brillo y contraste. `Set > Propagate to all other n cannel images.`

Hay que prestar atención ya que al contrario que `Set` la opción `Apply` modifica los valores de intensidad del archivo original asignando 0 al negro y 255 al blanco (*clipping*).

`Image > Color Channels Tool…`

`Composite` → Se muestran simultáneamente los canales seleccionados. Hay que seleccionar esta opción para crear una imagen RGB que combine varios canales.

`Color` → Únicamente muestra un canal de la *Stack*. Muy útil para cambiar LUT (diferentes colores, HiLo, 16colors, etc.) y ajustar el brillo y contraste. `Image > Look Up Table`

`Grayscale` → Muestra un canal en escala de grises.

`More > convert to RGB` → Para crear una imagen RGB a partir de un *Stack* (x,y,Ch).

`More > split channels` → Separa cada canal de un *Stack* (x,y,z, Ch) en canales individuales. Similar a `Stack > Stack to Image` que separa el completa *stack* en imágenes individuales.

`Image > color > merge channels... make composite, ignore source LUTs` → Combina imágenes individuales en un *Stack* (x,y,Ch).

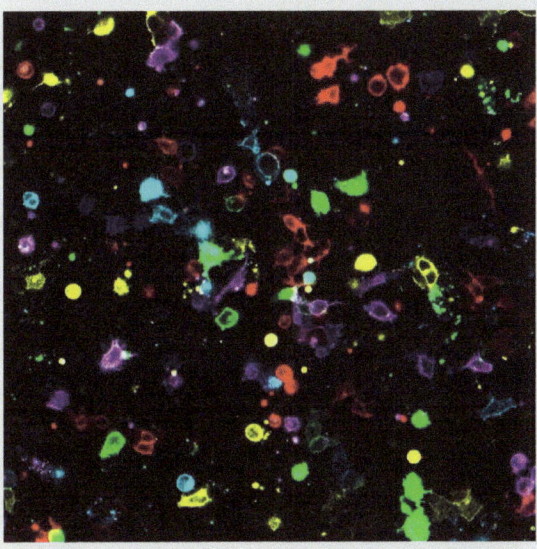

Figura 3.2 Imagen confocal multicanal (BFP, GFP, YFP, mOrange, mCherry).

3.9   Combinar y separar canales, secciones y tiempos

`Images > Color > Merge Channels... ⇒ Create Composite` (mezclar canales)

`Image > Color > Arrange Channels...` (reordenar canales)

`Image > Overlay > Add Image` ⇒ `Image > Overlay > Flatten` **para** superponer imágenes de diferente tamaño.

`Image > Color > Make Composite` (convertir una imagen RGB en *Stack*)

`Image > Color Split Channels` (separar canales)

`Image > Stack > Stack to Images` (separar individuálmente cada imagen)

`Plugings > LOCI > Bio-Formats Importer > Split Channels` (separar canales al abrir el archivo)

`Plugings > LOCI > Bio-Formats Importer > Focal Planes` (separar planos focales al abrir el archivo)

`Plugings > LOCI > Bio-Formats Importer > Time Points` (separa puntos de una serie temporal al abrir el archivo)

3.10   Modificaciones para la presentación e impresión

Añadir barra de escala,

Primero hay que calibrar la imagen si es que no lo está. Para ello se traza una línea de un tamaño conocido. Si no existen referencias en la imagen se puede utilizar otra que sí las tenga, como un porta con escala de calibrado o una cámara de Neubauer que haya sido adquirida con el mismo equipo, objetivo y número de píxeles.

`Analyze > Set Scale…` ⇒ Indicar las Unidades (um=micras) y seleccionar global.

`Analyze > Tools > Scale Bar…` para añadir la barra de escala. La barra de escala se puede añadir como un *overlay*, pero este solo se abre en ImageJ por lo que resulta más conveniente sobreimprimirla en la imagen, si bien este paso es irreversible ya que los píxeles de la barra de escala se modifican.

Añadir texto y flechas

Para añadir **texto**,

`Edit > Options > Colors > Foreground…` seleccionar el color.

Doble Clic en la herramienta de Texto y seleccionar Fuente y Tamaño.

Indicar la zona donde se insertara con un rectángulo ⇒ escribir ⇒ `ctrl+b (overlay)` ó `ctrl+d (estampar)`

Para añadir **flechas**,

`Line Tool > Right Click > Arrow Tool`

Doble clic en la herramienta para configurar los parámetros de la flecha.

Crear montajes y ajustes de impresión

Todas las imágenes deberán ser del mismo tamaño y estar en el mismo formato. Abrir o generar las imágenes en el orden en el que se desea que aparezcan en el montaje.

`Images > Stacks > Images to Stack` (genera un *stack* con todas las imágenes)

`Images > Stacks > Make Montage…` indicar nº columnas y filas.

Hay que tener en cuenta el tamaño al que se va a imprimir una imagen y la resolución de las impresora (generalmente 600dpi = píxeles por pulgada). Por lo tanto para imprimir en un A4 que tiene 21cm de ancho = 8,27 pulgadas entran 600 dpi x 8,27 pulgadas = 4962 píxeles.

`Image > Adjust > Scale to DPI`

Aunque lo más correcto es insertar una barra de escala en las imágenes, también es posible calcular la magnificación, que no tiene que ver con la resolución, y que depende del tamaño con el que se imprimirá la imagen. Por ejemplo al imprimir en un tamaño de 10x10 cm una región de 100x100 micras (0,01x0,01 cm) obtenemos una magnificación final de x1000. Dicho de otro modo, una micra real equivale a un milímetro en el papel.

Z-Stacks

`Images > Stacks > Z-project → Maximum`

`Images > Stacks > Orthogonal View` (genera cortes transversales en RGB)

`Seleccionar Línea > Images > Stacks > Reslice`

3.11   Protocolo 2. Ajustar calibración y añadir una barra de escala

No tiene sentido indicar la magnificación de una imagen en una publicación ya que esta depende de la relación entre el tamaño que representa y el tamaño de la imagen impresa (que en un pdf cambia con el zoom). Es mucho más preciso y además más sencillo incluir una barra de escala en las imágenes que vamos a publicar. Para poder añadir la barra de escala es necesario que en los metadatos del archivo de imagen se encuentre el tamaño de píxel. De no ser así será necesario tomar una imagen de referencia a un portaobjetos con una escala para proceder a la calibración tal y como se indica a continuación.

Abrir la imagen de referencia con una escala. Esta imagen debe de haberse tomado con el mismo objetivo y la misma cámara (mismo binning) que la imagen que queremos calibrar.

Seleccionar una distancia conocida con la herramienta de línea.

`Analyze > Set Scale…` indicar la distancia real, indicar unidades y aplicar a **Global.**

Abrir la imagen que queremos calibrar y si aparece un mensaje indicándonos que su calibración es diferente a la global ignorarlo. Queremos utilizar la calibración global que acabamos de establecer. Por otro lado, los archivos de los microscopios suelen tener en sus metadatos el tamaño de píxel de la imagen y por lo tanto ya están calibrados. Si estamos seguros de que esa calibración es correcta podemos añadir directamente la barra de escala sin este paso previo.

`Analyze Tools > Scale Bar…` para añadir una barra de escala.

Es conveniente convertir las imágenes de fluorescencia a RGB para que la barra de escala salga blanca (o negra) y no del color de la LUT. Además, aunque la barra se puede añadir como un overlay, para evitar que desaparezca al abrir la imagen con un programa diferente resulta conveniente sobreimprimirla.

Una vez calibrada la imagen además de añadir la barra de escala se puede realizar sobre ella todo tipo de medidas morfométricas. Para ello se pueden utilizar cualquiera de las herramientas disponibles en la barra de herramientas (línea recta, línea segmentada, rectángulo, círculo, elipse, polígono, etc.) y una vez delimitado podemos proceder a medir la distancia, perímetro u área seleccionada. De esta forma también es posible medir el diámetro de Feret o calibre de un objeto. Esto es la distancia mínima entre dos líneas que sean paralelas y tangentes al objeto.

`Analyze > Set Measurements…` area, perimeter, Feret diameter, fit ellipse, bounding rectangle.

Analyze > Measure.

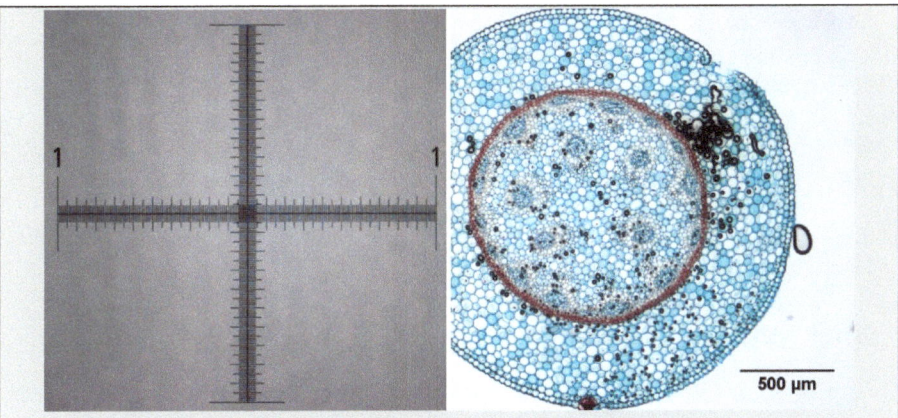

Figura 3.3 Imagen de un porta con escala de calibración e imagen calibrada mostrando una barra de escala de 500 micras.

3.12   Contaje manual de células

Es posible utilizar la herramienta de multipunto para realizar un contaje manual rápido. Únicamente debemos de seleccionarla y comenzar a seleccionar con el ratón los objetos que estamos contando y la propia herramienta de selección llevara la cuenta. Para resetearla basta con realizar una selección diferente con cualquier otra herramienta. Además, si lo deseamos, podemos configurar la apariencia de la selección para facilitarnos en trabajo.

`Edit > Options > Point Tool…` para configurar el aspecto de la herramienta.

`Point Tool > Right Clic > Multi Point Tool` y seleccionar objetos a contar.

En cambio cuando queremos contar diferentes tipos de objetos y/o contar en diferentes canales resulta más conveniente utilizar una herramienta específica como el Cell Counter, que es un *pluging* específicamente creado para contar con el que se puede llevar la cuenta de múltiples tipos de objetos diferentes. Cell Counter ya viene preinstalado en Fiji, pero para instalarlo en ImageJ debemos de descargar el archivo cell_counter.jar y copiarlo dentro de la subcarpeta pluggins de ImageJ/Fiji. La próxima vez que inicialicemos el programa aparecerá en el menú de *pluging*.

Cell Counter:
http://rsbweb.nih.gov/ij/plugins/cell-counter.html

Su utilización es muy sencilla, basta con inicializarlo, seleccionar un tipo de objeto (del 1 al 8) y contar. No obstante, en la página web de los desarrolladores podemos encontrar información más detallada de cómo utilizarlo.

Plugings > Cell Counter > Initialize ⇒ Seleccionar tipo de objeto (Type) y empezar a contar mediante clics en los objetos.

3.13 Videos y timelapse

Para ImageJ, los videos son una sucesión de imágenes agrupadas en un *stack*, que es exactamente lo que consideramos como *timelapse*. Por ello las herramientas necesarias para crear y manipular este tipo de archivos se encuentran dentro del menú Images > Stack...

Images > Stack > Time Stamper (insertar cronómetro)

Images > Stack > Tools > Concatenate (encandenar videos, por ejemplo campo claro + fluorescencia)

Images > Stacks > Tools > Combine (montajes en paralelo)

Images > Stacks > Tools > Interleave (intercalar)

Images > Stacks > Tools > De-Interleave (desintercalar)

Image > Stacks > Delete Slice (eliminar la imagen activa del *stack*)

Otras herramientas que pueden resultar útiles para el editado de videos se encuentran en Images > Stacks > Tools > ... y en ">>" > Stack Tools > ...

Una vez terminada la edición podemos convertir la *stack*, que no deja de ser un archivo de imagen, a un archivo con formato de video.

File > Save As > AVI... ⇒ indicar fps (fotogramas por Segundo)

File > Save As > Animated Giff... ⇒ Delay

3.14 Cuantificar bandas de gel

ImageJ y especialmente Fiji son programas diseñados para el procesado y análisis de imágenes de microscopía pero también tienen una herramienta sencilla pero muy apañada para la cuantificación de bandas en geles o *blots*.

3.15   Protocolo 3. Cuantificación de un Western Blot

Seleccionar la primera calle con la herramienta de selección rectangular

`Analyze > Gels > Select First Lane`

Mover la selección a la siguiente calle

`Analyze > Gels > Select First Lane` (las calles se añaden como *overlays*)

Una vez acabadas de seleccionar las calles ⇒ `Analyze > Gels > Plot Lines`

Utilizar la herramienta de selección de línea recta para cerrar los picos correspondientes a las bandas del gel. Una vez cerrados utilizar la herramienta de selección de la barita mágica para medir el área de cada pico. Finalmente hay que calcular los porcentajes relativos de cada una de ellas.

`Analyze > Gels > Label Peaks`

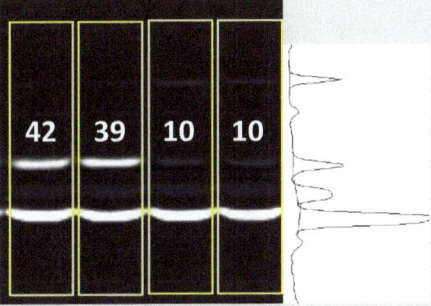

Figura 3.4 Cuantificación de bandas en un Western Blot.

3.16   Kymograph

Es una representación gráfica de un proceso dinámico. Se selecciona una línea y se representa cómo evoluciona con el tiempo (x, t), lo cual sería equivalente a realizar un line-scan con el microscopio confocal. Para realizarlo debemos de seleccionar una línea en cualquiera de los fotogramas del *timelapse*, idealmente con varios píxeles de grosor para suavizar un poco las variaciones debidas el ruido aunque hay que tener en cuenta que esto nos hará perder algo de resolución lateral. Luego a partir de esta línea crearemos una imagen formada por una línea de cada fotograma o tiempo correspondiente a la zona seleccionada, de tal forma que el eje de ordenadas se representa la dimensión espacial de la línea y en el eje de abscisas el tiempo.

`Edit > Options > Line Width...` y seleccionamos tres o más píxeles para obtener un valor promedio a lo largo de la línea seleccionada.

Seleccionar una línea en la región de interés con la herramienta de línea.

`Images > Sacks > Reslice...`

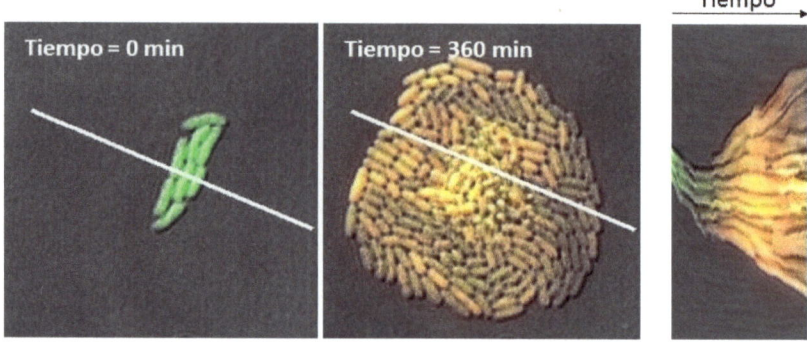

Figura 3.5 Primera y última imagen de un timelapse (izquierda) y kymograph obtenido a lo largo de la línea marcada (derecha).

3.17   Mosaicos

MosaicJ es un *pluging* preinstalado en Fiji que permite la fusión de imágenes solapadas en una sola imagen. Previamente hay que convertir las imágenes que se quieren solapar a RBG.

`Pluging > Stitching > MosaicJ`

3.18   Protocolo 4. Creación de mosaicos

Cuando deseamos realizar una imagen de una sección de tejido mayor que el área de la imagen capturada con el objetivo de menor aumento lo que podemos hacer es sacar varias imágenes que se solapen y luego unirlas como si tratase de un mosaico con MosaicJ. Otra alternativa aún mejor sería utilizar un escáner de portas.

MosaicJ: `Pluggins > Stitching > MosaicJ`

A continuación abrir en el *pluging* las images que vamos a utilizar para crear el mosaico una a una o como secuencia. `File > Open Image Sequence...`

Doble clic en las imágenes para subirlas a la zona de trabajo. Luego hay que mover las imágenes para colocarlas aproximadamente en la posición que deseamos que se combinen entre sí. Dependiendo como se han tomado las imágenes puede resultar conveniente desactivar la posibilidad de rotación (las imágenes de microscopía no están giradas entre si cosa que si ocurre cuando realizamos una panorámica con una cámara fotográfica y un trípode) y si alguna de ellas no se ajusta como es debido existe la posibilidad de fijar su posición. Finalmente creamos el mosaico.

```
File > Deactivate Rotation
Object > Freeze / Unfreeze
File > Create Mosaic
```

Nota: Para crear mosaicos debemos de utilizar imágenes RGB. Por otro lado el tamaño de píxel de las imágenes fundidas es el mismo que el original por lo que es posible añadirles una barra de escala si tenemos una imagen de referencia o conocemos el tamaño del píxel (protocolo 2).

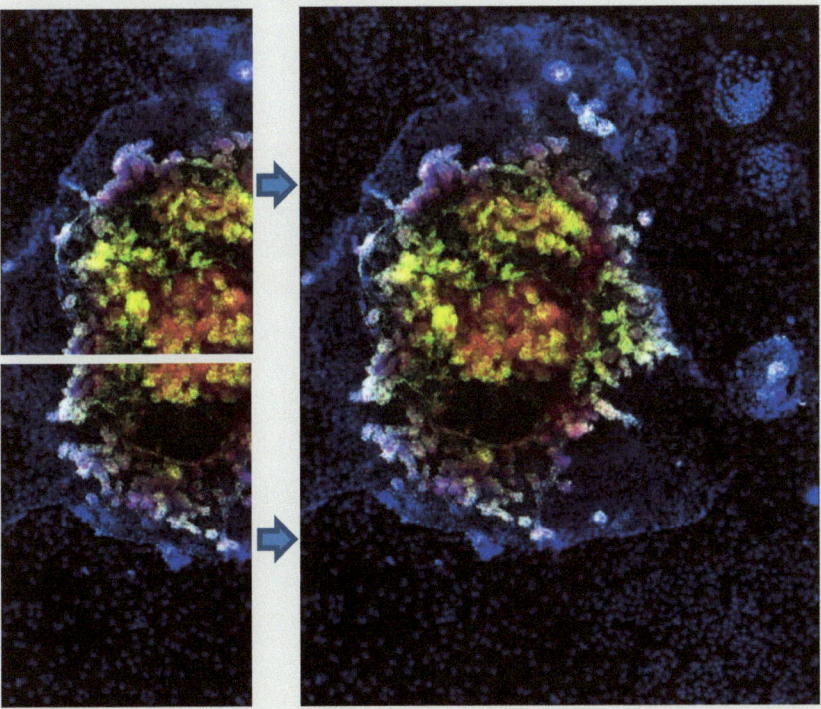

Figura 3.6 Mosaico formado por la fusión de cuatro imágenes individuales.

3.19   Otros *pluging* interesantes

ScientiFig

Es un plugin para realizar figuras de una manera sencilla.
Aigouy B, Mirouse V. (2013) Nat Methods.Oct 30;10(11):1048.

Manual Tracking

Este *pluging* permite el "tracking" o seguimiento de objetos individuales durante un timelapse. Con él podemos calcular la velocidad media, mínima y máxima del objeto así como conocer su dirección en cada fotograma y realizar trazados con la ruta que ha seguido a lo largo de la duración del *timelapse*.

https://imagej.nih.gov/ij/plugins/track/track.html

Capítulo 4. Preprocesado y filtrado de las imágenes

4.1 Histograma

`Analyze > Histogram`

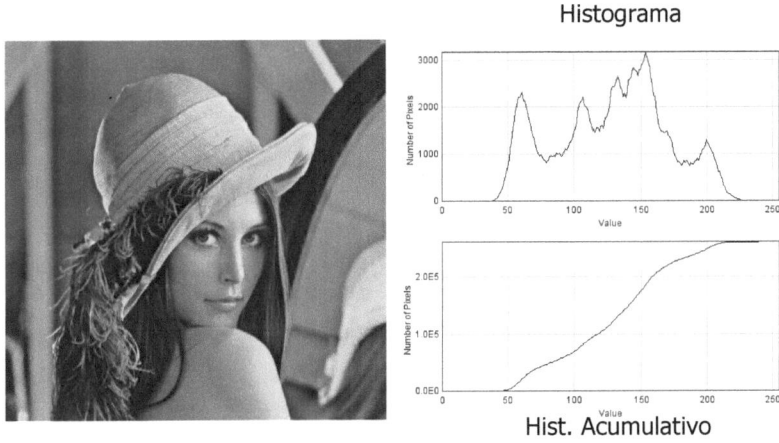

Figura 4.1 Imagen en escala de grises y su histograma.

Los histogramas representan la frecuencia de los diferentes valores de intensidad de una imagen independientemente del número de píxeles de esta. En una imagen (I) de 8bits los valores de intensidad de cada píxel entre 0 y 255 el número de entradas del histograma es de 256 y el valor de cada una de ellas es:

h(i) = número de píxeles en I con un valor de intensidad de i$\in$(0, 255)

En imágenes de más de 8bits ImageJ automáticamente agrupa el número de entradas del histograma en 256 intervalos o "*bins*" comprendidos entre los valores de intensidad mínimo y máximo de la misma.

Para comparar entre sí de manera visual las diferencias de intensidades entre dos imágenes estas han de tener los mismos ajustes de brillo y contraste. La manera más sencilla de ajustarlo es abrir la imagen más luminosa y ajustar su brillo y contraste manual o automáticamente. A continuación solo tenemos que aplicar los mismos valores al resto de las imágenes que queremos comparar. Obviamente en *stacks* de imágenes de fluorescencia con varios canales debemos de realizar esta operación para cada uno de ellos.

```
Image > Adjust > Brightness & Contrast ⇒ Auto (o manual) ⇒
Set... progagate to all other n channels images.
```

4.2   Interpretación y utilidad del histograma

Los histogramas no contienen información espacial de la imagen y por lo tanto no es posible reconstruir una imagen a partir de un histograma. Los histogramas sirven para identificar problemas en la exposición, el contraste o el rango dinámico de esta.

Exposición.

Los defectos en la exposición son rápidamente identificables mediante el histograma independientemente de los ajustes de brillo y contraste de esta. Cuando los valores de intensidad más frecuentes se acumulan en uno de los extremos del histograma y apenas hay píxeles con los valores de intensidad del otro extremo estamos ante una incorrecta exposición. Si los valores se agolpan en la parte izquierda estamos ante una imagen infraexpuesta mientras que si se acumulan en la parte derecha estamos ante una imagen sobreexpuesta.

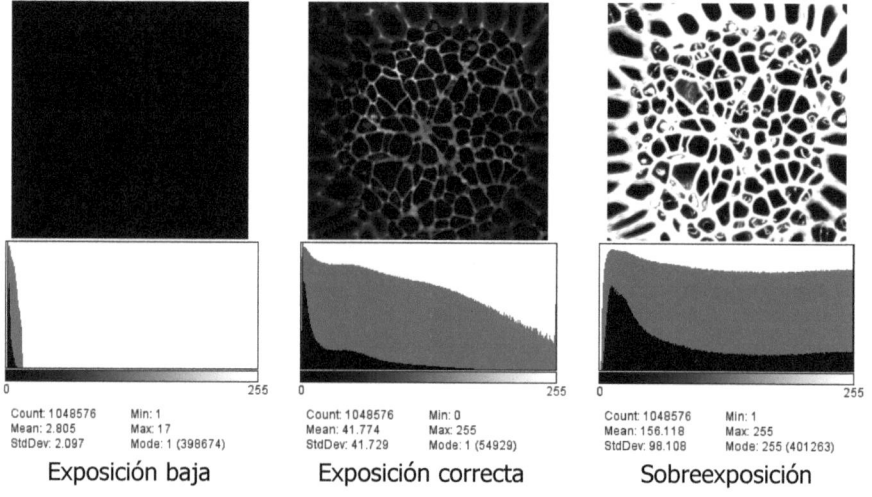

Figura 4.2 Utilización de los histogramas para establecer la exposición correcta.

Contraste.

$$Contraste = (I - I_b) / I_b$$

Donde I es la intensidad del objeto y I_b la intensidad del fondo y por lo tanto cuanto más próximo a cero sea el fondo mayor será el contraste de la imagen. Intuitivamente podemos considerar el contraste como el rango de valores de intensidad utilizado en una imagen para su visualización. Por lo tanto para ajustar correctamente el contraste el negro deberá establecerse como el valor mínimo de intensidad y el blanco como el valor máximo de intensidad. En la práctica para evitar problemas ocasionados por píxeles individuales con valores anormalmente altos o bajos el ajuste automático de contraste no considera el 0,4% de los píxeles con los valores de intensidad más bajos ni más altos.

Es importante recordar que en ImageJ no es lo mismo establecer (Set) que aplicar (Apply) el contraste. En el primer caso los valores únicamente se utilizan como referencia para la visualización de la imagen, en el segundo se modifica los valores de intensidad en el archivo de la imagen, asignando cero al color negro y 255 al blanco en una imagen de 8 bits en escala de grises.

Rango Dinámico.

El rango dinámico de una imagen es el número de valores de intensidad diferentes que hay en una imagen. Aunque en ningún caso puede ser superior a $2^{(n^o \text{ de bits de la imagen})}$ sí que puede ser menor. En el caso ideal el rango dinámico es igual al 2^{bits}, en cuyo caso habremos aprovechado toda la capacidad del detector. En ocasiones no es posible capturar correctamente todo el rango de intensidades de un objeto/muestra con una sola exposición y resulta recomendable realizar varias exposiciones, una para las zonas más oscuras y otra para las más claras. En cambio en otras ocasiones (especialmente con sensores de 12, 16 o 24bits) llega un momento en el que al aumentar la exposición no aumenta el rango dinámico y por lo tanto no merece la pena seguir aumentando esta. El objetivo es estirar al máximo el histograma, no simplemente desplazarlo de izquierda a derecha.

$$\text{Rango Dinámico} = \text{Max I} - \text{Min I}$$

Generalmente los histogramas de las imágenes sin procesar son relativamente suaves y sin picos aislados (excepto en los extremos debido a efectos de saturación) ni huecos entre valores de gris consecutivos. En cambio en las imágenes procesadas es habitual la aparición de picos al disminuir el contraste y de huecos al aumentar este.

4.3   Mejora de Contraste: normalización, ecualización y gamma

Process > Enhance Contrast...

Esta herramienta es similar al autocontraste (Image > Adjust > Brightness & Contrast ⇒ Auto), pero permite especificar el porcentaje de píxeles que se saturan a ambos lados del histograma. No modifica los valores de los píxeles siempre y cuando no se active Normalize ni Equalize.

Normalize. En este caso los valores de intensidad de cada píxel se recalcula y se modifica en el archivo de imagen.

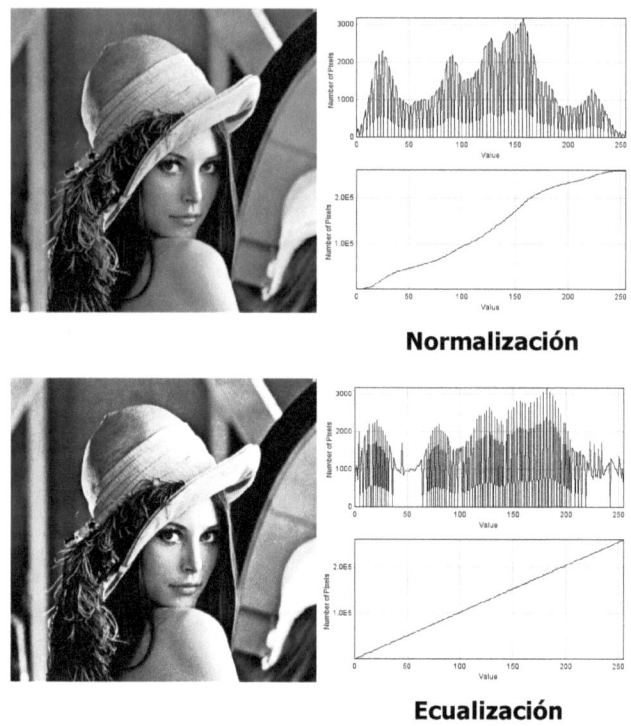

Normalización

Ecualización

Figura 4.3 Normalización y ecualización de los histogramas.

Equalize. Realiza una ecualización de la imagen. Los valores de intensidad son modificados de manera que el histograma acumulativo aumenta lo más linealmente posible. El histograma acumulativo es la representación del número de píxeles que tienen un valor igual o menor que cada valor de intensidad. Dicho de otro modo, la suma progresiva de las diferentes entradas del histograma. Hay que tener especial cuidado con este tipo de aumento del contraste ya que después de su aplicación el porcentaje de píxeles (y por tanto el área) con un valor de intensidad por encima o debajo de un umbral será prácticamente el mismo en todas las imágenes ecualizadas. Aunque esto también puede ser interesante para seleccionar un área equivalente en diferentes imágenes. Para evitar efectos extraños el algoritmo usa por defecto la acumulación de la raíz cuadrada de las entradas del histograma. Para seleccionar áreas del mismo tamaño en diferentes imágenes es necesario utilizar la versión del algoritmo sin la raíz cuadrada presionando Alt mientras realizamos la ecualización.

4.4   Ajuste de Gamma

Cuando la diferencia entre las zonas claras y oscuras es muy grande (por ejemplo la intensidad de la tinción es muy fuerte en unas estructuras celulares, pero débil en otras), si bien es posible capturar estas diferencias con el rango dinámico que nos ofrecen las imágenes de 12 o 14 bit, es imposible mostrar ambas áreas simultáneamente. Para conseguirlo podemos transformar la imagen mediante una función gamma de manera que se pierde la linealidad de la intensidad de la señal y el valor de los píxeles. Con valores de gamma mayores de uno a los píxeles más claros se les asigna un valor menor que el que les corresponde y viceversa.

`Process > Math > Gamma…`

$$I_{(u,v)} = \left(\frac{I(u,v)}{255}\right)^{\gamma} x\ 255 \ ; \ I_{(u,v)}\ es\ la\ intensidad\ del\ pixel\ (x = u,\ y = v)$$

γ=0.5   Original   γ=2.5

Figura 4.4 Ajuste de gamma.

4.5   Reducción del *background*

La sensibilidad, que no la resolución, de un sistema de captura de imágenes (ya sea este una cámara de fotos de un teléfono móvil o un microscopio confocal de última generación) depende de la relación entre la señal proveniente del espécimen y detectada por el detector y la suma de la señal proveniente de los diferentes tipos de ruido. Esta relación se denomina **Signal to Noise Ratio** (**SNR**) y se puede estimar como el coeficiente de variación de la señal en una muestra (o región de esta) homogénea:

$$SNR = \frac{\mu_{señal}}{\sigma_{señal}}$$

Donde μ es el promedio de la señal en cada píxel y σ es la desviación estándar de la señal entre ellos. Este valor es único y debe de ser calculado para cada condición de adquisición.

En las imágenes de microscopía de fluorescencia existe un fondo o *background* que es la suma del ruido eléctrico producido por el sistema de detección o *dark noise* (a más voltaje del detector más ruido), del ruido debido a la naturaleza estocástica de la detección de la luz o *white noise* (a menor número de fotones mayor ruido), del ruido producido por la luz ambiental proveniente de los monitores *stray light noise*, por la autofluorescencia de la muestra, la inespecificidad de la tinción y por el solapamiento de los espectros de emisión. Este fondo o *background* se puede reducir enormemente aplicando sencillas operaciones aritméticas sobre las imágenes, lo que implica sumar, restar, multiplicar y dividir imágenes entre sí o entre una constante. El objetivo es disminuir la variación debida al ruido y por lo tanto aumentar el SNR de las imágenes.

`Process > Math…` Add, Subtract, Multiply, Divide, Min, Max, Square, Square Root, Reciprocal, Abs (ver 4.6 operaciones con imágenes).

`Process > Image Calculator…`

`Process > Calculator Plus…`

Por ejemplo la manera más sencilla de reducir el fondo es calcular la fluorescencia media en una zona del fondo y después restarle ese valor a toda la imagen. Esto es equivalente a un ajuste de contraste en la imagen, aunque a veces es recomendable cuando posteriores análisis requieren otras operaciones entre las imágenes como en el caso del FRET.

Seleccionar el *background* con las `herramientas de selección`.

`Analyze > Set measurements… > Mean gray value`

`Analyze > Measure`- obtener el valor de fluorescencia del fondo

`Process > Math > Subtract…` Introducir el valor calculado previamente

Fórmula para calcular el FRET mediante *Aceptor Photobleaching*:

$$APFRET = \frac{(Donor_{Postbleach} - Bgr_{Postbleach}) - (Donor_{prebleach} - Bgr_{prebleach})}{(Donor_{Postbleach} - Bgr_{Postbleach})}$$

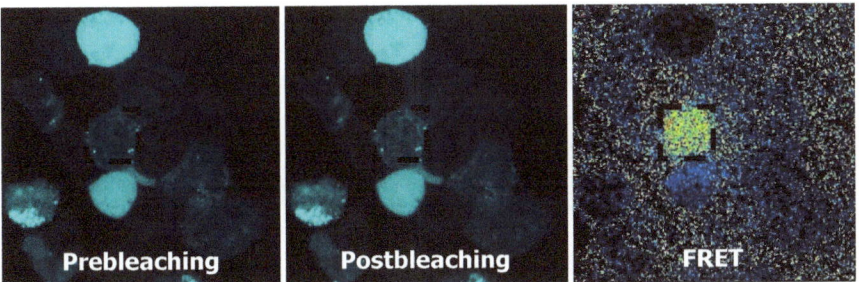

Figura 4.5 Cálculo del FRET mediante la técnica de *aceptor photobleaching*.

4.6 Operaciones con imágenes

`Process > Math…`

`ADD`… Añade una constante a cada píxeles la imagen. En imágenes de 8bits si el valor obtenido es mayor que 255 se establece 255 como resultado. En imágenes de 16bits si es mayor que 65,535 se establece 65,535.

`SUBTRACT`… Resta una constante a cada píxel. En imágenes de 8 o 16 bits si el valor resultante es menor que 0 se establece 0.

`MULTIPLY`… Multiplica cada píxel por una constante. Igual que en `ADD` para valores que 255 o 65.535. Recomendable trabajar con imágenes de 32bits.

`DIVIDE`… Divide cada píxel por una constante. Recomendable trabajar con imágenes de 32bits. División por 0 resulta infinito (*Not a Number*) en imágenes de 32bits y es ignorado en imágenes de 8 y 16bits.

`MIN`… Los píxeles con un valor menor que la constante son reemplazados por esta.

`MAX`…Los píxeles con un valor mayor que la constante son reemplazados por esta.

`Gamma`… Aplica la función f(p) = ln(p) × 255 / ln(255) a la imagen. Se pierde la linealidad de la señal.

`EXP`. Realiza una transformación exponencial: 2valor píxel.

`SQUARE`. Eleva al cuadrado la imagen.

`SQUARE ROOT`. Realiza la raíz cuadrada de la imagen.

`RECIPROCAL`. Realiza la inversa (1/valor píxel). Requiere imágenes de 32bits. No confundir con: `Edit > Invert`.

NAN Background. Necesita imágenes de 32bits a las que se les ha establecido un umbral: `Image > Adjust > Threshold`. Convierte píxeles fuera del umbral en *Not A Number*.

Abs. Valor absoluto de cada píxel.

Macro… Permite realizar cualquier operación aritmética definida por el usuario mediante una macro.

4.7 Ruido eléctrico y ambiental

Para compensar por el ruido originado por el detector o por la luz ambiental basta con capturar una imagen (mejor varias y promediarlas) en las mismas condiciones de adquisición que las utilizadas para adquirir las imágenes del experimento, pero con la lámpara de fluorescencia o el LASER apagados (o con el "shutter" cerrado) y restar ambas imágenes. Normalmente este ruido suele ser despreciable comparado con la señal y no suele ser necesario realizar esta corrección excepto en situaciones en las que la señal es muy, muy tenue y las exposiciones y ganancias de la cámara muy altas.

$$I_{corregida} = I_{original} - I_{Dark}$$

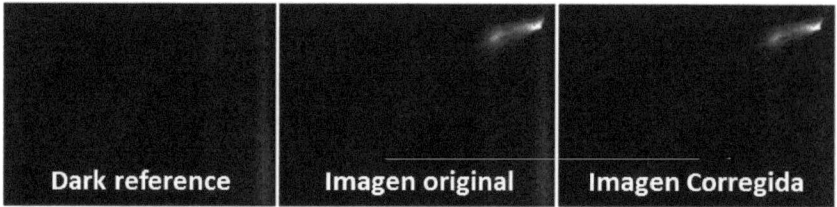

Figura 4.6 Corrección del ruido de fondo generado por la cámara.

4.8 Ruido fotónico: White Noise

La probabilidad de que un fotón sea detectado varía entre alrededor de un 50% en los PMTs (*photomultiplier*) a más de un 90% en las cámaras sCMOS (*scientific complementary metal-oxide semiconductor*). Es por ello que las imágenes de un microscopio confocal aunque tienen mayor resolución que las de un microscopio de epifluorescencia también son más ruidosas. De la misma forma que también son más ruidosas las imágenes obtenidas con las cámaras EM-CCD (*electron-multiplying charge-coupled device*) que con las sCMOS ya que durante la amplificación de la señal aumentan el ruido. Por este motivo, excepto en situaciones donde el número de fotones es extremadamente bajo (menos de una decena) las sCMOS son las cámaras que mejor SNR ofrecen incluso a pesar de no ser tan sensibles como las EM-CCD. Por supuesto ambas son mejores que las clásicas CCD (*charge-couple device*).

Como el que un fotón sea o no detectado es una cuestión de probabilidad, al realizar un escaneo con un microscopio confocal habrá píxeles en los que el PMT no haya detectado ningún fotón, otros en los que haya detectado todos los que lleguen y situaciones intermedias, siendo la mayoritaria aquella en la que únicamente se detectan alrededor del 50% de los fotones. Esto crea una distribución gaussiana de la señal con una σ que depende del número de fotones que llegan al detector durante el tiempo de adquisición. Al igual que cuantas más veces tiremos al aire una moneda es más probable que el porcentaje de caras sea similar a 50%, cuantos más fotones lleguen al PMT más probable que el porcentaje detectado se aproxime al 50% (suponiendo que la eficiencia sea del 50%). El problema es que con unos voltajes entre el 80% y 90% del máximo los PMT se saturan con apenas unas decenas de fotones. Por lo tanto para reducir el ruido podemos o bien escanear a menor velocidad y/o voltaje con el consiguiente riesgo de quemar la muestra o realizar varios escaneos consecutivos y luego realizar un promedio de todos ellos, lo que en la práctica incrementa el número de fotones que llegan al detector. Alternativamente podemos realizar este promedio en ImageJ. Para ello tenemos que realizar varios escaneos o imágenes seguidos de la misma muestra y construir con ellos un *stack* que luego utilizamos para calcular la intensidad media de todas ellas en cada píxel.

```
Image > Stacks > Images to stack
Image > Stacks > Z Project… Average Intensity
```

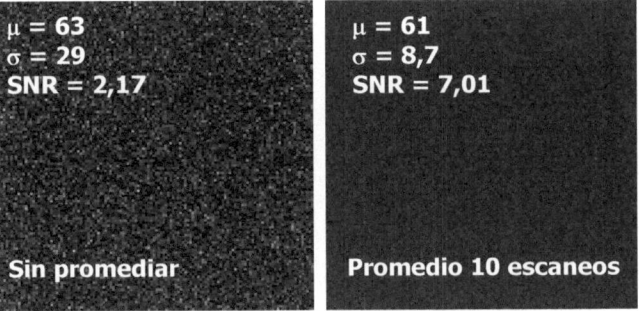

Figura 4.7 Corrección del ruido blanco o de Poisson producido por la naturaleza aleatoria de la detección mediante promediado de escaneos consecutivos.

4.9   Corrección de curvatura: Flat Field

En los microscopios de fluorescencia, especialmente cuando trabajamos con objetivos de poca magnificación, la iluminación no es uniforme. Incluso, cuando la lámpara está bien centrada y alineada la iluminación, y por lo tanto la fluorescencia, suele ser más intensa en el centro que en las esquinas ya que los objetivos capturan mejor la luz por el centro que por los bordes. Esto, aunque no siempre es evidente a simple vista, se puede apreciar con claridad adquiriendo una imagen de una muestra homogénea (como una disolución del fluoróforo) y realizando un ajuste del brillo y contraste. No es extraño encontrar diferencias del 20% o incluso más entre la fluorescencia del centro y de las esquinas. Por ello, es recomendable situar siempre el objeto de interés bien centrado en el objetivo. Además si capturamos una imagen de una muestra con fluorescencia distribuida homogéneamente la podemos utilizar para corregir esta aberración de los objetivos. Para ello dividimos esta imagen que debería ser homogénea entre su valor máximo de fluorescencia (o la intensidad media de una pequeña región central) y luego usamos el resultado para corregir el resto de imágenes. No obstante antes de realizar estas operaciones hay que convertir las imágenes a 32 bits ya que es el único formato que en ImageJ nos permite trabajar con decimales y hay que tener en cuenta que al dividir una imagen entre su señal máxima todos los valores tendrá un valor entre 0 y 1 y por lo tanto si trabajamos en 8 bits o en 14 bits perderemos toda la información. Al finalizar solo tenemos que ajustar el brillo y el contraste de nuevo (por ejemplo entre 0 y 255 para 8bits) y volver a convertir la imagen a su formato original.

```
Image > Type 32-bit
Process > Math…
Process > Image Calculator…
```

$$I_{Corregida} = \frac{I_{original}}{I_{homogenea}\Big/ MaxI_{homogenea}}$$

```
Image > Adjust Brigtness/Contrast… Set… Mínimo = 0, Máximo = 255
Image > Type 8-bits
```

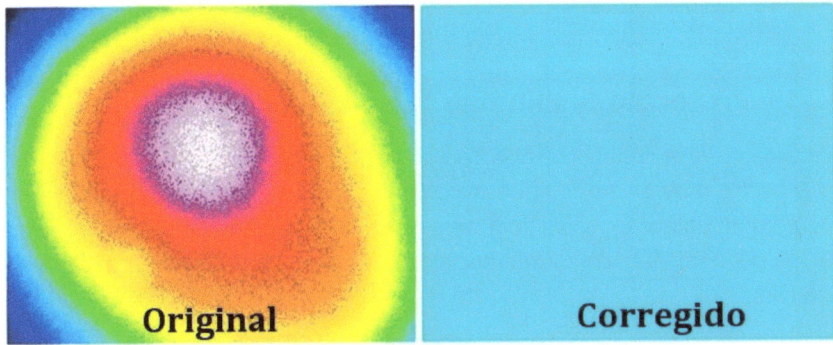

Figura 4.8 Solución de fluoróforo antes (izquierda) y después (derecha) de la corrección de Flat Field.

4.10 Autofluorescencia

Esta suele ser la principal causa de background en experimentos con muestras histológicas. Células como los eritrocitos o tejidos como el hígado tienen una elevada autofluorescencia y se suele incluir en los protocolos de tinción algún tratamiento para eliminar o reducir la autofluorescencia. Otra alternativa es realizar la tinción con un fluoróforo con una emisión cercana al infrarrojo donde la autofluorescencia es menor. Cuando esto no funciona todo lo bien que sería deseable también es posible reducir una parte significativa de la autofluorescencia utilizando una imagen de referencia en la que únicamente se capture la autofluorescencia y no la señal. Esto es posible gracias a que el espectro de emisión de la autofluorescencia es mucho más ancho que los espectros de emisión de los fluoróforos que se utilizan habitualmente en microscopía de fluorescencia. La clave es dejar uno de los canales de fluorescencia libre para capturar únicamente la autofluorescencia y ajustar la exposición para que la intensidad de esta sea similar en ambos canales. En el caso de dobles tinciones se puede utilizar por ejemplo el canal azul para el DAPI, el verde para uno de los marcadores, el infrarrojo para el otro marcador y dejar libre el rojo para la autofluorescencia. En un microscopio de epifluorescencia hay que cambiar el cubo de filtros, en un confocal con varios detectores se puede excitar con un único laser y recoger en uno de los PMT la señal dentro del espectro de emisión del fluoróforo y en otro PMT la señal fuera de este espectro. Una vez adquiridas las imágenes hay que seleccionar en el canal a limpiar una región con autofluorescencia y sin señal específica y calcular su fluorescencia media. A continuación hay que calcular la fluorescencia media en esa misma región en la imagen de autofluorescencia y calcular el coeficiente entre ambas. Por último solo hay que aplicar la siguiente fórmula:

$$I_{corregida} = I_{original} - I_{autofluorescencia}$$

4.11   Protocolo 5. Eliminar la autofluorescencia

Típicamente la autofluorescencia (no la unión inespecífica del anticuerpo) tiene un espectro muy ancho, con un máximo de emisión entre el rojo y el verde, lo que permite utilizar un canal libre para capturar una imagen de autofluorescencia que se puede utilizar como referencia para separarla de la señal especifica en el otro canal.

En primer lugar hay que separar los diferentes canales de la imagen fluorescente. `Image > Color > Split Channels`

A continuación en la imagen del marcaje hay que seleccionar una zona del fondo en la que se observe autofluorescencia y medir la su intensidad media.

`Analyze > Set Measurements… Mean Gray Value`

`Analyze > Measure`

Medimos la intensidad media de esta misma región en la imagen referencia para la autofluorescencia y calculamos el ratio entre las dos (Avg Int BGR_Marcaje / Avg Int BGR_Autofluo).

`Edit > Selection > Restore Selection`

`Analyze > Measure`

Multiplicamos la intensidad de la imagen de referencia por ese ratio y restamos la imagen resultante a la imagen con el marcaje.

`Process > Math > Multiply… ratio?`

`Process > Image Calculator… Susbtract: Imagen con Marcaje - Imagen de Autofluorescencia`

Finalmente podemos volver a combinar los canales (protocolo 1) y realizar una proyección de la *Stack* en un solo plano.

`Image > Stacks > Z_Proyect… Max Intensity`

Nota: puede resultar conveniente filtrar las imágenes con un filtro gaussiano o mediana antes de restar la autofluorescencia, aunque entonces dejan de ser cuantificables.

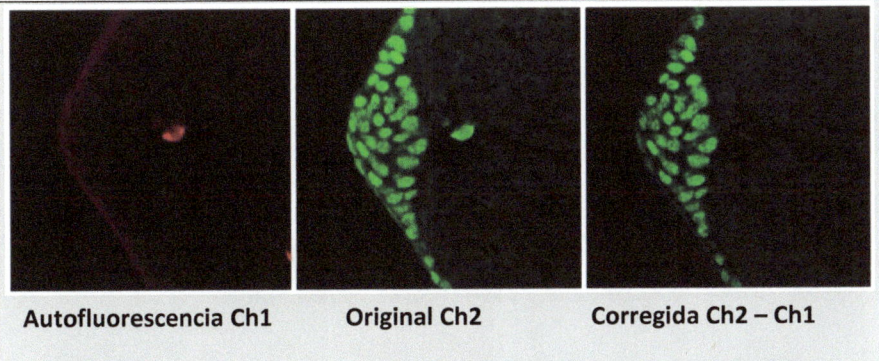

Autofluorescencia Ch1   **Original Ch2**   **Corregida Ch2 – Ch1**

Figura 4.9 Eliminación de la autofluorescencia presente en una célula, probablemente eritroide, que interfiere con la fluorescencia específica de una tinción epitelial.

4.12 Bleedthrough

No importa el cuidado que tengamos a la hora de escoger los filtros de fluorescencia en las tinciones dobles o triples, es inevitable que un pequeño porcentaje de la fluorescencia emitida por un fluoróforo se capture con el filtro que no le corresponde (fenómeno conocido como *bleedthrough*) ya que los espectros de excitación y emisión abarcan un espectro más ancho que el delimitado por los filtros. Cuando los filtros están bien escogidos y la intensidad de la señal es similar en los diferentes canales, la cantidad de *bleedthrough* es despreciable. El problema es cuando la intensidad de la señal es uno o varios órdenes de magnitud más intensa en un canal que en el otro. En ese caso lo más recomendable es asignar al marcador de mayor expresión el fluoróforo más a la derecha del espectro ya que el *bleedthrough* ocurre principalmente de los fluoróforos de menores longitudes de onda hacia los de mayores. Cuando esto no es suficiente también se puede corregir, o al menos atenuar, el *bleedthrough* una vez adquiridas las imágenes de una manera análoga a la compensación de fluorescencia que se realiza en los citómetros. Para ello, simultáneamente a la tinción múltiple, hay que realizar tinciones individuales de cada marcador y capturar todas las imágenes en las mismas condiciones (capturando en todas ellas todos los canales) que las que utilizamos para las imágenes de la tinción múltiple. Así podremos calcular cual es exactamente la fracción de fluorescencia de cada fluoróforo que se cuela en los canales que no se corresponden y corregir en ese porcentaje las imágenes con más de un fluoróforo. En el siguiente ejemplo se indica cómo realizar la corrección para primer canal (Ch1) en una tinción doble.

$$bleedtrough_{Ch1 \to Ch2} = \frac{ROI_{Ch1}}{ROI_{Ch2}}$$

$$Ch1_{corregid0} = Ch1 - Ch2 \times bleedthrough_{Ch1 \to Ch2}$$

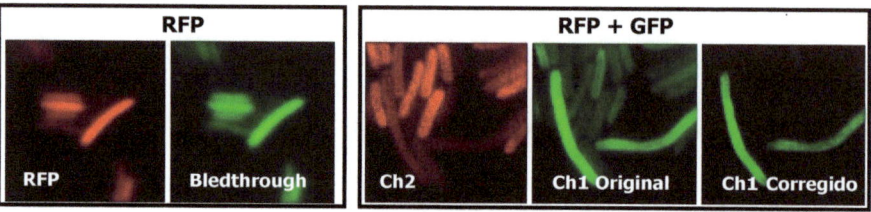

Figura 4.10 Compensación del *bleedthrough* de la RFP en el canal de la GFP.

4.13 Fluorescencia inespecífica

En las imágenes de fluorescencia es habitual un *background* general por culpa de una tinción no específica (*binding* no específico) que revela la morfología de la muestra. ImageJ tiene una herramienta específica para eliminar este tipo de background que es similar, aunque con un algoritmo un poco más sofisticado, a realizar una convolución o filtrado (ver más adelante) de la imagen original con un filtro promedio, mediana o gaussiano con un tamaño de *kernel* grande y restar esta imagen filtrada a la original.

```
Process > Subtract Background… Rolling ball radius (radio
del área donde se estimara el background local)
```

$$I_{corregida} = I_{original} - I_{filtrada}$$

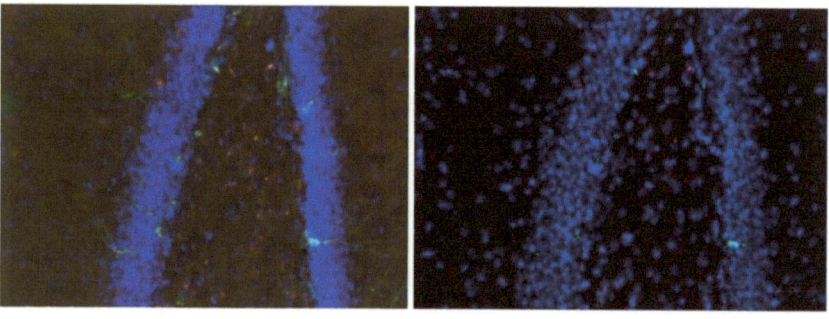

Original   **Corregida**

Figura 4.11 Eliminación de la fluorescencia inespecífica mediante la sustracción del *background* local.

4.14 Fluorescencia fuera de foco

En las imágenes de epifluorescencia una fuente muy importante de *background* es la fluorescencia que se encuentra fuera del plano focal. Para eliminar esta fluorescencia lo mejor es utilizar un microscopio confocal que está diseñado específicamente para la señal proveniente de la fluorescencia fuera de foco. Otra posibilidad es eliminar esta señal a posteriori mediante deconvolución de las imágenes adquiridas (ver más adelante).

4.15 Píxeles calientes y muertos: Hot Pixels & Death Pixels

Ocasionalmente puede ocurrir que alguno de los píxeles se estropee y o bien deje de funcionar o bien se dispare continuamente. En ambos casos a estos píxeles anómalos se les puede asignar el valor de sus vecinos de una forma muy sencilla en ImageJ.

`Process > Noise > Remove Outlayers…` `Bright` (para los píxeles calientes)

`Process > Noise > Remove Outlayers…` `Dark` (para los píxels muertos)

4.16 Separación espectral

Cuando hay un elevado grado de solapamiento entre dos fluoróforos, y siempre que tengamos una buena señal, una alternativa a la compensación del *bleedthrough* mencionada con anterioridad es la separación espectral. Esta consiste en iluminar la muestra con una longitud de muestra que excite a ambos fluoróforos y recoger la emisión de fluorescencia en pequeños intervalos de unos 5 o 10nm. De esta manera estaremos registrando el espectro de emisión píxel a píxel y si lo comparamos con los espectros de emisión de cada fluoróforo (el cual deberíamos preparar por separado para usar como referencia) podemos saber si la luz proveniente de ese píxel corresponde a un fluoróforo, al otro o a una combinación de ambos. De esta manera se pueden separar fluoróforos tan cercanos como el GFP o el YFP.

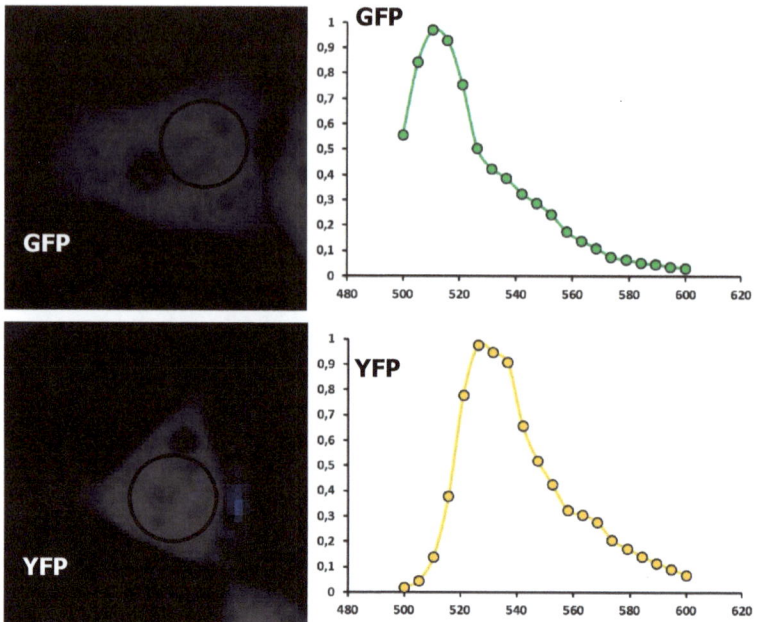

Figura 4.12 Imagen confocal de células expresando GFP o YFP adquirida entre 500 y 600nm y los correspondientes espectros de emisión medidos en las áreas indicadas por círculos. Nótese que se puede distinguir claramente la célula que expresa GFP de la que expresa YFP gracias a la diferente forma de sus espectros de emisión.

4.17   Filtrado o convolución

ImageJ permite la aplicación de multitud de diferentes filtros predefinidos o personalizados a las imágenes.

`Process > Filters...`

`Process > Filters > Convolve...` (el usuario puede introducir su propio filtro)

La manera más sencilla de explicar que es un filtro es con un ejemplo. Imaginemos que queremos sustituir cada píxel por el valor medio de este píxel y sus píxeles vecinos. Para calcular el nuevo valor de un píxel en la fila u y columna v tenemos que considerar el valor original de este y también el de sus vecinos inmediatos:

$$I'_{(u,v)} = \frac{(I_{(u-1,v-1)} + I_{(u-1,v)} + I_{(u-1,v+1)} + I_{(u,v-1)} + I_{(u,v)} + I_{(u,v+1)} + I_{(u+1,v-1)} + I_{(u+1,v)} + I_{(u+1,v+1)})}{9}$$

Esto es lo mismo que realizar la siguiente operación matemática denominada **convolución**:

$$I'_{(u,v)} = \sum_{(i,j)\,\in\,R_H} I(u+i,u+j) \times H(i,j) \quad ; \quad I' = I \times H$$

Donde a la siguiente matriz, cuyo centro corresponde a las coordenadas i=0 e j=0 y R_H es el conjunto de todas las coordenadas, se la denomina **filtro** o **Kernel**:

$$H_{(i,j)} = \begin{bmatrix} 1/9 & 1/9 & 1/9 \\ 1/9 & 1/9 & 1/9 \\ 1/9 & 1/9 & 1/9 \end{bmatrix} = \begin{bmatrix} 1 & 1 & 1 \\ 1 & 1 & 1 \\ 1 & 1 & 1 \end{bmatrix}$$

O sea multiplicar el valor del píxel original por el valor central del filtro o coeficiente central del *Kernel*, y el valor de los píxeles vecinos por los correspondientes valores del filtro o coeficientes del *Kernel*. Nótese que el coeficiente resulta de dividir el valor correspondiente de la matriz del *Kernel* entre la suma de todos los valores de este. En imageJ esta operación la podríamos bien utilizando el filtro promedio de radio 1 o bien introduciendo este filtro al realizar una convolución.

`Process > Filter > Mean… Radius = 1`

`Process > Filter > Convolve… "Filtro"` (si activamos `Normalize` cada valor del filtro será dividido por la suma total y se preservará el brillo de la imagen)

Para su implementación en ImageJ, el Kernel siempre debe de tener un valor central y por ello tiene que ser cuadrado y con un número de filas y columnas impar. Esto no quiere decir que el píxel central tenga que participar en la operación ni que el filtro tenga que ser simétrico ya que como veremos se puede asignar cualquier número entero, incluyendo el cero y números negativos a cualquiera de los elementos de la matriz. Los filtros pueden ser salvados como un archivo de texto y una vez salvados visualizarse como una imagen de texto. Esta imagen se puede cambiar de tamaño, representar gráficamente en 3D y también volver a salvarse como archivo de texto para tener el mismo filtro de un tamaño diferente.

`File > Import > Text Image…`

`Image > Scale… Interpolation bicubic`

`Analyze > 3D surface Plot`

Figura 4.13 Filtros gaussianos de 5x5 o 140x140 píxeles y representación 3D de este tipo de filtro.

4.18 Tipos y propiedades de los filtros

Dependiendo si actúan igual en todas las direcciones o no los filtros se pueden dividir en isótropos (aquellos con forma de disco) o anisótropos. En función de sus propiedades matemáticas los podemos dividir en lineales, no lineales y morfológicos.

Filtros lineales.

Son aquellos que combinan los valores de los píxeles especificados por el filtro de una manera lineal. Generalmente como una suma en la que se asignan un peso específico a cada píxel. Los filtros lineales se pueden subdividir a su vez en filtros de suavizado y filtros de diferencia. Todos ellos cumplen las siguientes propiedades de linealidad, asociatividad y separatibilidad:

Linealidad: Si multiplicamos una imagen por una constante y luego la filtramos el resultado es el mismo que si primero la filtramos y luego la multiplicamos por la constante.

$$(a \times I) \times H = I \times (a \times H) = a \times (I \times H)$$

Si filtramos la suma de dos imágenes obtenemos el mismo resultado que suma las dos imágenes filtradas por separado con ese mismo filtro.

$$(I_1 + I_2) \times H = (I_1 \times H) + (I_2 \times H)$$

En cambio si sumamos una constante a una imagen y luego la filtramos no obtenemos el mismo resultado que al sumar esa constante a la imagen ya filtrada.

$(a + I) \times H \neq a + (I \times H)$

Asociatividad: El orden de aplicación de sucesivos filtros lineales es irrelevante.

$$(I \times H_2) \times H_1 = (I \times H_2) \times H_1$$

Separatibilidad: Si un filtro H se puede subdividir en varios filtros más pequeños H_1 y H_2, se obtiene el mismo resultado filtrando la imagen con el mayor que sucesivamente con los filtros más pequeños.

$$I \times H = I \times (H_1 \times H_2) = (I \times H_1) \times H_2$$

Por ejemplo, $\begin{bmatrix} 1 & 1 & 1 \\ 1 & 1 & 1 \\ 1 & 1 & 1 \end{bmatrix} = \begin{bmatrix} 0 & 0 & 0 \\ 1 & 1 & 1 \\ 0 & 0 & 0 \end{bmatrix} \times \begin{bmatrix} 0 & 1 & 0 \\ 0 & 1 & 0 \\ 0 & 1 & 0 \end{bmatrix}$

4.19   Filtros de suavizado "smoothing"

Son todos aquellos filtros en los que los valores del *Kernel* son únicamente positivos. Producen un suavizamiento de la imagen a cambio de una pérdida de resolución y también tienen su utilidad para eliminar el *background* local. Dentro de esta categoría se encuentran los filtros promedio y gaussiano.

```
Process > Filters > Mean…
Process > Filters > Gaussian…
Process > Filters > Convolve…
```

Filtros **promedio**, todos los píxeles tienen el mismo peso:

$$AVG = \begin{bmatrix} 1 & 1 & 1 \\ 1 & 1 & 1 \\ 1 & 1 & 1 \end{bmatrix}, \begin{bmatrix} 0 & 1 & 0 \\ 1 & 1 & 1 \\ 0 & 1 & 0 \end{bmatrix}, \begin{bmatrix} 0 & 0 & 0 \\ 1 & 1 & 1 \\ 0 & 0 & 0 \end{bmatrix}$$

Ejemplo de filtro **gaussiano**, el peso de los píxeles sigue una distribución gaussiana:

$$Gaussian = \begin{bmatrix} 0 & 1 & 2 & 1 & 0 \\ 1 & 3 & 5 & 3 & 1 \\ 2 & 5 & 9 & 5 & 2 \\ 1 & 3 & 5 & 3 & 1 \\ 0 & 1 & 2 & 1 & 0 \end{bmatrix}$$

4.20   Filtros de diferencia

Son aquellos en los que alguno de los valores del filtro son negativos. Se llaman así porque el resultado es la diferencia entre la suma de valor de los píxeles multiplicados por los coeficientes positivos y el valor de los píxeles multiplicados por los coeficientes negativos. En los filtros de este tipo que tienen utilidad práctica, normalmente la suma de los coeficientes positivos es igual a la de los negativos. Su función es la de intensificar cambios locales de intensidad y se utilizan frecuentemente para detectar bordes y mejora de contraste. Dentro de esta categoría podemos incluir el filtro de varianza, Prewitt, Sobel, Laplace y Mexican Hat.

El filtro de **varianza** calcula la varianza entre los píxeles definidos por el *Kernel*.

Los filtros **Prewitt** y **Sobel** sirven para determinar cambios de intensidad a lo largo la dirección definida por el filtro. Hay que mencionar que en los bordes de los objetos se produce un cambio más o menos brusco de la intensidad de la imagen por lo que estos filtros se utilizan para la detección de bordes. Matemáticamente, la cantidad de una variable (intensidad) con respecto a otra (dirección) es lo que se denomina derivada por lo que se puede decir que con estos filtros estamos calculando la derivada de la imagen con respecto a la dirección indicada por el filtro.

Filtros de **Prewitt:**

$$H_X = \begin{bmatrix} -1 & 0 & 1 \\ -1 & 0 & 1 \\ -1 & 0 & 1 \end{bmatrix} \; ; \; H_y = \begin{bmatrix} -1 & -1 & -1 \\ 0 & 0 & 0 \\ 1 & 1 & 1 \end{bmatrix}$$

Filtros de **Sobel:**

$$H_X = \begin{bmatrix} -1 & 0 & 1 \\ -2 & 0 & 2 \\ -1 & 0 & 1 \end{bmatrix} \; ; \; H_y = \begin{bmatrix} -1 & -2 & -1 \\ 0 & 0 & 0 \\ 1 & 2 & 1 \end{bmatrix}$$

Nótese que con estos filtros obtendremos valores positivos cuando el gradiente es creciente (bordes izquierdo o superior de los objetos) y negativos cuando es decreciente (bordes derechos e inferiores) y que por lo tanto tenemos que operar con un formato de imagen de 32bits. Aunque aquí se muestran los filtros a lo largo de las direcciones *x* e *y* también se pueden formar ángulos cruzados de 45º. Utilizando cualquiera de estos filtros los bordes de los objetos se pueden definir como el valor absoluto de resultado obtenido al aplicar estos filtros:

$$I_{bordes}' = \sqrt[2]{\left(I \times H_x\right)^2 + \left(I \times H_y\right)^2}$$

y la orientación de los mismos como:

$$I_{orientación}' = tan^{-1}\left(\frac{I \times H_y}{I \times H_x}\right)$$

Para nuestra comodidad ambas operaciones ya vienen implementadas en Fiji.

`Process > Find Edges` (utiliza los filtros de Sobel)

`Process > Filters > Differentials > Gradient Magnitude`

`Process > Filters > Differentials > Gradient Direction`

El comando `Process > Shadows` utiliza versiones del filtro de Sobel en las que el valor central es 1 para crear sombras sobre la imagen.

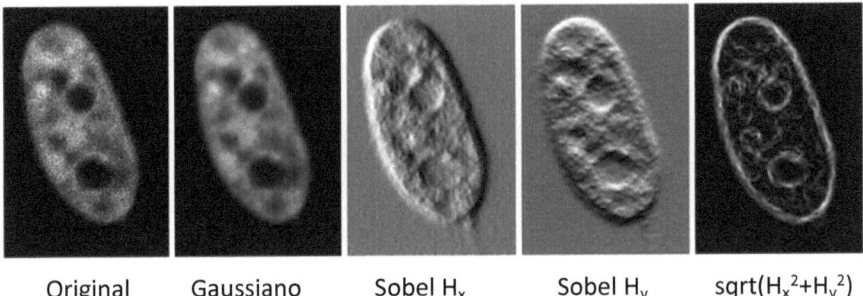

Original   Gaussiano   Sobel H_x Sobel H_y sqrt($H_x^2+H_y^2$)

Figura 4.14 Aplicación de diferentes filtros a la imagen de un núcleo.

Filtros de **Laplace** y **Mexican Hat**.

Si con los filtros de Sobel o Prewitt se calcula la primera derivada de la imagen, con el filtro de Laplace se calcula la segunda derivada de la imagen. Esta se utiliza para mejorar el contraste de las imágenes ya que toma valores positivos a uno de los lados de los bordes de los objetos y positivos al otro lado del mismo borde. La mejora de contraste o *sharpening* se consigue restando a la imagen original un porcentaje de la obtenida mediante la aplicación de este filtro. La fuerza o intensidad de la mejora del contraste depende del porcentaje que se reste.

`Process > Differential > Laplace`

Ejemplo de filtro de **Laplace**:

$$H_X = \begin{bmatrix} 0 & 0 & 0 \\ 1 & -2 & 1 \\ 0 & 0 & 0 \end{bmatrix} \; ; \; H_y = \begin{bmatrix} 0 & 1 & 0 \\ 0 & -2 & 0 \\ 0 & 1 & 0 \end{bmatrix} \; ; \; H_{yx} = \begin{bmatrix} 0 & 1 & 0 \\ 1 & -4 & 1 \\ 0 & 1 & 0 \end{bmatrix}$$

$$I_{contraste}' = I - a(I \times H_{xy})$$

También existe otra técnica para mejorar el contraste denominada **USM** o **Unsharp Mask** y que también viene implementada en imageJ. Consiste en restar a la imagen original una versión suavizada con un filtro gaussiano para obtener lo que se denomina máscara. Luego en un segundo paso se añade un porcentaje de esta máscara a la imagen original para obtener la imagen con el contraste mejorado.

`Process > Filters > Unsharp Mask...` hay que especificar el valor σ (sigma) de la gaussiana y el porcentaje.

`Process > Sharpen`. Emplea un filtro de 3x3 píxeles con valor central de 12 y -1 en el resto.

Original   **Laplace**   **Unsharp**

Figura 4.15 Mejora de contraste utilizando el filtro de Laplace o el USM. Nótese como en ambos casos se aprecia mejor los detalles de la textura del sombrero y del pelo.

Tanto los filtros basados en primeras como en segundas derivadas son muy sensibles al ruido en la imagen y el resultado que se obtiene con ellos en general mejora bastante si las imágenes son previamente suavizadas por otro filtro como por ejemplo un gaussiano. Interesantemente como ambos filtros son lineales y tienen la propiedad de asociatividad y separatibilidad el resultado de utilizar un filtro gaussiano seguido de uno de Laplace es el mismo que el de realizar un filtrado combinado que resulta de la convolución de Laplace con el gaussiano. Este nuevo filtro es conocido como *Mexican Hat* y es muy eficaz no solamente en la detección de bordes sino también a la hora de destacar estructuras puntuales tan frecuentes en las imágenes de microscopía. En el caso de la fluorescencia, como el *background* es negro, hay que invertir el filtro y que la parte central sea positiva para resaltar los detalles. La clave para su buen funcionamiento es que su tamaño se adapte al del objeto que estamos filtrando de manera que quepa en la parte del gorro mientras que las alas del sombrero lo rodeen. Este tipo de filtro, aunque no se encuentra por defecto en Fiji, viene implementado en uno de los *pluging* de Fiji:

3D Fast Filters:

http://imagejdocu.tudor.lu/doku.php?id=plugin:filter:3d_filters_with_jni:start

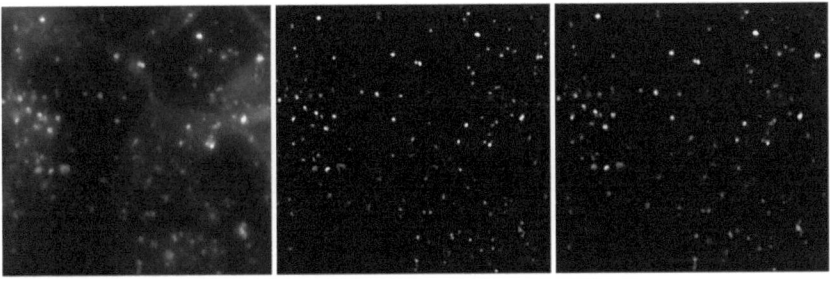

| **Original** | **Laplace & Gaussiano** | **Top Hat** |

Figura 4.16 Utilización de alguno de los filtros de 3D Fast Filter *pluging* para resaltar los endosomas.

4.21 Filtros no lineales

Son llamados así porque el valor de los píxeles delimitados por el filtro se combinan entre sí mediante alguna función no lineal. Dentro de esta categoría se encuentran los filtros mínimo, máximo, mediana. El filtro mediana es muy útil para reducir el elevado ruido de los confocales equipados con PMTs. La lógica es la siguiente, si durante la adquisición de las imágenes hemos seguido el criterio de Nyquist cualquier estructura de la muestra debería de ser recogida en una región de como mínimo 3x3 píxeles. Si entonces aplicamos un filtro mediana de radio 1 (kernel 3x3 píxeles) entonces los píxeles aislados del ruido serán eliminados a la vez que la estructura de la muestra se suaviza sin perder nitidez.

```
Process > Filter > Maximum, Minimum, Median
```

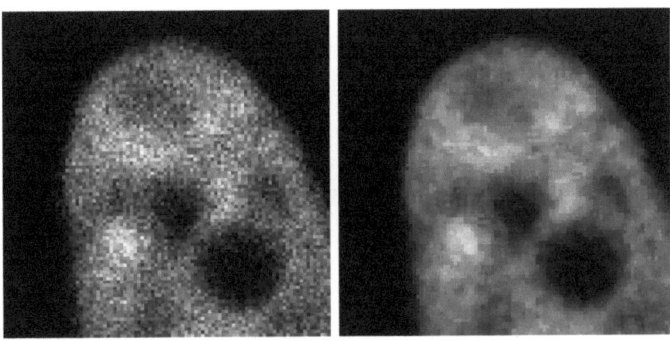

Figura 4.17 Filtrado de una imagen de un núcleo adquirida con un microscopio confocal con un filtro mediana de radio=1.

4.22   Varios ejemplos de Filtros

```
 0  0 -1  0  0
 0 -1 -2 -1  0
-1 -2 16 -2 -1
 0 -1 -2 -1  0
 0  0 -1  0  0
```
Mexican Hat

```
1  1  1
1 -8  1
1  1  1
```
Laplace

```
1   2  1        -1 -1 -1
2 -12  2        -1 12 -1
1   2  1        -1 -1 -1
```
Laplace   **Sharpen**

```
-3   0  3    -3 -10 -3    -2 -1  0     0 -1 -2
-10  0 10     0   0  0    -1  0  1     1  0 -1
-3   0  3    -3 -10 -3     0  1  2     2  1  0
```
Sobel

```
0 0 0  0 0 0 0
0 0 0  1 0 0 0
0 0 4  8 4 0 0
0 1 8 17 8 1 0
0 0 4  8 4 0 0
0 0 0  1 0 0 0
0 0 0  0 0 0 0
```
Gaussian

4.23 Filtros morfológicos

Los filtros morfológicos aplican funciones lógicas a la operación de convolución. Se utilizan preferentemente sobre imágenes binarias, aunque también se pueden aplicar a imágenes en escala de grises o incluso en color. Su función es la de alterar la estructura de la imagen de una forma predecible. Los principales filtros morfológicos son: erosionar, dilatar, abrir, cerrar, rellenar huecos, perfilado, esqueletonizar, Voroni y *Watershed*.

```
Process > Binary > Erode, Dilate, Open, Close, etc…
```

En una imagen binaria con el fondo negro y el objeto en blanco el filtro erosionar hace que los píxeles blancos adyacentes a algún píxel negro se transformen en negros. Por el contrario el filtro dilatar hacer que aquellos píxeles negros adyacentes a un píxel blanco se transformen en blanco. Abrir equivale a un ciclo de erosión seguido de uno de dilatación y cerrar a uno de dilatación seguido de uno de erosión. Con rellenar huecos todos los píxeles negros rodeados de píxeles blancos se transforman en blancos mientras que con el perfilado todos los píxeles blancos que no sean adyacentes a un píxel negro son eliminados. Con el filtro esqueletonizar el objeto es adelgazado hasta que cada píxel blanco solo tenga adyacente un único píxel blanco y con el filtro de Voroni la imagen es dividida en áreas con fronteras equidistantes a los diferentes objetos.

También es posible aplicar filtros morfológicos a imágenes en escala de grises, aunque es este caso el resultado es el mismo que el de aplicar los filtros máximo y/o mínimo, aunque con algo más de flexibilidad ya que ImageJ nos permite escoger filtros con diferentes formas y no solo con forma circular como ocurre al aplicar los filtros máximo o mínimo.

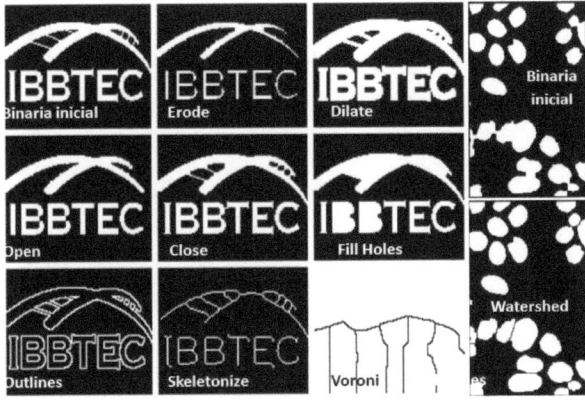

Figura 4.18 Resultado de aplicar diferentes filtros
morfológicos a una imagen binaria.

4.24   Filtrado en el dominio de frecuencias: Fast Fourier Transform

Las imágenes también se pueden considerar como la combinación de diferentes señales. Unas, como el ruido, de alta frecuencia, otras como la uniformidad de la iluminación de baja frecuencia y otras como la señal de la muestra, la autofluorescencia, etc. con frecuencias intermedias. Mediante la transformada de Fourier rápida o **FFT** podemos convertir a las imágenes del llamado dominio espacial al dominio de frecuencias y realizar el filtrado en este dominio. De esta manera podemos eliminar, o seleccionar, únicamente las frecuencias deseadas.

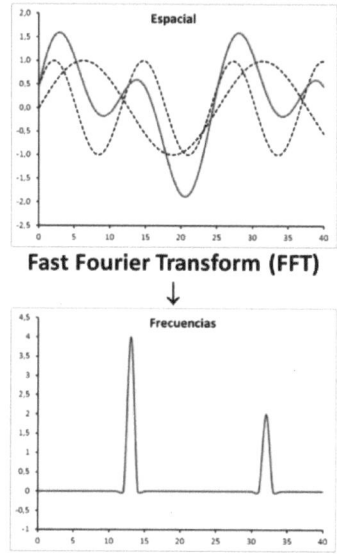

Figura 4.19 Superior: la señal registrada (línea roja) está formada por la combinación de dos señales de diferente frecuencia (líneas negras). Inferior: al realizar la FFT las dos frecuencias que forman la señal roja son separadas como picos diferentes.

Process > FFT Genera la imagen en el dominio de las frecuencias. Luego se suprimen las frecuencias no deseadas o se dejan pasar las deseadas. Hay que establecer valor de las zonas negras a filtrar como 0 y el de las blancas como 255 (no se pueden aplicar los dos tipos de filtrado simultáneamente). Finalmente Process > Inverse FFT reconstruye la imagen filtrada en el dominio espacial.

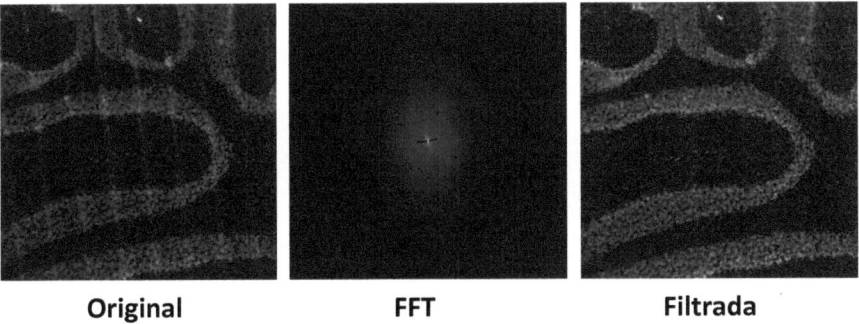

| **Original** | **FFT** | **Filtrada** |

Figura 4.20 Imagen con bandas verticales repetidas a intervalos (frecuencias) regulares antes y después del filtrado en el dominio de frecuencias.

Este tipo de filtrado puede hacerse de manera muy sencilla mediante la herramienta *Bandpass Filter*. Mediante el *Bandpass Filter* se suprimen las señales de alta frecuencia, suavizando de esta manera la imagen como con un filtro gaussiano, a la vez que también se eliminan las de alta frecuencia, eliminando de esta forma el *background* local.

`Process > FFT > Bandpass Filter…` `Filter Large Structures Down To…` Filtra estructuras de gran tamaño y baja frecuencia, generalmente.

`Filter Small Structures Up To…` Filtra estructuras de pequeño tamaño y alta frecuencia, suavizando la imagen.

Ambos valores se aplican de forma gradual y el valor superior debería de ser al menos 5 veces el inferior si no queremos atenuar también las estructuras que si dejan pasar el filtro.

4.25   Deconvolución

La deconvolución podría decirse que es el inverso de la convolución y se basa en las propiedades de los filtros lineales mencionadas anteriormente. Cuando una imagen es filtrada con un filtro con valor 1 en el píxel central y 0 en todos los demás el resultado es idéntico a la imagen original. Este filtro, que es un único píxel brillante, se denomina función impulso. Interesantemente cuando un filtro es aplicado a esta función impulso, el resultado es idéntico al filtro. Esta propiedad de los filtros es utilizada para determinar la resolución de los microscopios. Para ello se utilizan partículas fluorescentes de un tamaño sensiblemente inferior a la resolución de un microscopio óptico y que harían el papel de función impulso. Las imágenes que se generan con el microscopio es lo que se denomina ***Point Spread Function*** o **PSF** que no es otra cosa que la distorsión que la óptica del microscopio produce a una fuente de luz puntual y que se puede utilizar para estimar cuál sería la imagen que filtrada con la PSF medida en un equipo concreto de como resultado la imagen experimental que hemos adquirido. De esta manera se puede aumentar la resolución más de lo impuesto por la óptica.

$$I * H_{impulso} = I \rightarrow BeadFluorescentes * PSF = PSF$$

$$I_{deconvolución} * PSF = I_{original}$$

Aunque no hay ninguna herramienta en ImageJ para realizar deconvolución existen varios *pluging* tanto para realizar la deconvolución, como para simular las PSF (aunque siempre será mejor generarla nosotros mismos mediante beads fluorescentes de un diámetro menor que la resolución de nuestro microscopio).

En la página http://imagej.net/Deconvolution encontrarás información sobre el funcionamiento de los siguientes dos *pluging* que se pueden usar combinados para procesar una Z-*Stack* tridimensional.

Iterative Deconvolve 3D: http://www.optinav.com/Iterative-Deconvolve-3D.htm

Diffraction PSF 3D: http://www.optinav.com/Diffraction-PSF-3D.htm

Otro *pluging* diferente para realizar deconvolución con ImageJ/Fiji es **DeconvolucionLab**. Desde su página oficial podrás descargarlo y encontrar información sobre su utilización.
http://bigwww.epfl.ch/deconvolution/deconvolutionlab1/

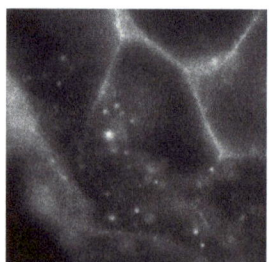  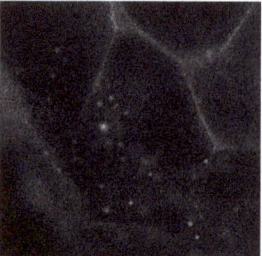

Figura 4.21 Deconvolución de una imagen
utilizando la PSF teórica del objetivo utilizado.

Cápitulo 5. Segmentación y cuantificación

5.1 Estrategias y herramientas de segmentación

A continuación del preprocesado se puede proceder a la segmentación de las imágenes con el objetivo de separar lo más precisa y objetivamente los objetos de interés del fondo. La forma más sencilla e intuitiva de realizar la segmentación sería simplemente perfilar los objetos con las herramientas de dibujo (polígono) e ir añadiéndolos al manager de regiones de interés o **ROI**: `Edit > Selection > Add to Manager`.

El problema de esta técnica es que es muy tediosa y además algo subjetiva ya que depende del criterio del investigador. Por ello lo más habitual es o bien realizar la segmentación basándose en un umbral o bien utilizar máscaras binarias (ver protocolos 7 y 8). En el primer caso se establece un nivel de intensidad que separa los objetos del fondo mientras que en el segundo se parte de una o varias imágenes binarias que pueden ser creadas mediante un umbral, pero también manualmente o mediante semillas y que se someten a operaciones lógicas (suma, resta, diferencia) o se filtran con filtros morfológicos (dilatar, erosionar, rellenado de huecos, *watershed*, Voroni) para obtener como resultado otra imagen binaria que delimite lo más precisamente posible a los objetos.

La segmentación mediante un umbral es un procedimiento muy rápido que el investigador puede realizar de manera arbitraria estableciendo visualmente el valor de intensidad, pero que también se puede realizar de forma objetiva estableciendo el umbral como aquel valor en el que se encuentra el FWHM del objeto (ver protocolo 6). Otra posibilidad sería la de utilizar el histograma de la imagen para establecer el umbral de tal forma que se establezca en función del análisis de la forma de este. Por ejemplo, en ImageJ/Fiji la opción `default` establece automáticamente el umbral al valor de intensidad en que se encuentra el mínimo entre dos máximos relativos del histograma. Otros algoritmos incluidos en la herramienta del umbral permiten establecer el umbral de acuerdo con otros criterios.

`Image > Adjust > Auto_Threshold...` `Try All` **para** probar simultáneamente y comparar entre si todos los algoritmos disponibles.

`Image > Adjust > Threshold...` y establecer el umbral manualmente o automaticamente mediante el algoritmo seleccionado.

`Edit > Selection > Create Selection.` Crea una ROI que incluye únicamente los píxeles con un valor de intensidad igual o mayor que el umbral.

`Edit > Selection > Add to Manager`. Añade la ROI seleccionada al ROI Manager.

Alternativamente, una vez establecido el umbral también podemos seleccionar ROI mediante la herramienta de encontrar partículas. `Analyze > Analyze Particles… Size & Circularity, Add to Manager`. Esta herramienta nos permite seleccionar individualmente objetos con un área que nosotros vamos a especificar (en micras si la imagen esta calibrada y en píxeles si no lo está) y con un cierto grado de circularidad (entre 1 que sería un círculo prefecto y 0).

La alternativa a la segmentación mediante un umbral es la segmentación mediante máscaras que como acabamos de mencionar pueden ser creadas mediante un umbral, pero también manualmente. Este tipo de segmentación es por lo tanto un poco más laboriosa ya que como mínimo requiere de dos pasos (establecer el umbral y crear la imagen binaria que utilizaremos para delimitar las regiones de interés), pero es más precisa ya nos permite realizar operaciones lógicas (sumar, restar, diferencia, rellenar huecos, watershed) con las imágenes binarias y por lo tanto nos da un nivel de control adicional. Finalmente cuando conseguimos obtener una máscara que delimita fielmente a los objetos de interés tenemos que establecer un umbral sobre ella para seleccionar la región de interés. En ImageJ/Fiji las imágenes binarias tienen un valor de 0 (fondo) o 255 (objeto).

Para una imagen binaria o máscara: `Process > Binary > Make Binary` ó `Process > Binary > Convert to Mask`. Alternativamente también es posible crear máscaras con un umbral. `Image > Adjust > Threshold… Apply`.

Una vez creadas las máscaras se pueden editar mediante las herramientas de dibujo si se selecciona el mismo color que el de la máscara (blanco o negro) y también se pueden combinar entre sí con la calculadora de imágenes. `Process > Image Calculator… Add, Substract, Difference`. Finalmente se establece un umbral a la máscara entre 1 y 255 (el fondo tendría valor 0) y se crea una selección que se añade al ROI Manager.

Una estrategia alternativa a los umbrales o las máscaras es la segmentación mediante semillas. Esta estrategia es algo más avanzada, menos frecuente y más compleja y por ello no vamos a profundizar sobre ella en esta guía que pretende ser una de introducción al análisis de imágenes. Aun así conviene saber que esta estrategia de segmentación se basa en a partir de uno o más píxeles (semillas) seleccionados dentro del objeto a segmentar se van incorporando paulatinamente píxeles vecinos en función de unos criterios de similitud (si la diferencia con el píxel vecino es menor que un valor de tolerancia). Un ejemplo de segmentación de este tipo sería la herramienta de selección de la barita mágica (doble clic sobre la barita mágica para ajustar el nivel de tolerancia). En Imagej/Fiji existen herramientas más avanzadas para realizar este tipo de segmentación a partir de múltiples semillas como se verá en los capítulos 6.16 y 6.17. En las web de los desarrolladores de los *pluging* se pueden encontrar instrucciones detalladas de cómo utilizarlos.

```
Plugings > Segmentación > Levels Set
Plugings > Segmentacion > Simple Neurite Tracker
```

5.2   El ROI manager, un gestor de las regiones de interés

Cualquiera que haya sido la estrategia elegida para llevar a cabo la segmentación el resultado final es una selección formada por una o varias regiónes de interés o ROI que discrimina los objetos del fondo. Estas ROI se pueden gestionar gracias a una herramienta que es el ROI manager.

```
Edit > Selección > Add to Manager ó (Ctr + T)
```

El **ROI manager** no solo nos permite crear una lista de ROI a la que podemos ir añadiendo elementos (Add) sino que también nos permite salvarlas (more > save...) a un archivo, ya sea de forma individual o si seleccionamos varias simultáneamente, y volver a abrirlas en el futuro (more > open...) sobre la misma imagen que hemos analizado o cualquier otra. Esto es muy importante ya que si vamos a presentar un trabajo con datos cuantitativos, además de conservar el archivo de imagen original también deberíamos de conservar las regiones que hemos cuantificado. También permite aplicar la misma ROI a los diferentes canales de una *Stack* posibilitando por ejemplo segmentar núcleos celulares en el canal del DAPI para luego analizar la expresión nuclear de nuestra proteína de interés en otro canal.

Además el ROI manager nos permite seleccionar una o varias regiones simultáneamente, cambiarles el nombre (Rename), realizar operaciones lógicas de conjuntos entre ellas (more > AND, OR, XOR) y finalmente cuantificarlas (more > multimeasure).

Cuando ya tenemos nuestros objetos de interés seleccionados como ROI, que como acabamos de comentar podemos gestionar con el ROI manager, realizar la cuantificación es trivial. Primero escogemos que parámetros deseamos cuantificar y luego los medimos.

```
Analyze > Set Measurements...
Analyze > Measure
```

Únicamente es importante mencionar que cuando estamos cuantificando una ROI no debemos de seleccionar la opción de utilizar umbral cuando establezcamos las medidas que queremos realizar (`NO!! limit to threshold`). Esta opción solo es necesaria si vamos a realizar la cuantificación sobre una imagen entera en la cual hemos establecido el umbral pero no hemos creado una selección a partir de él. En este caso al activar esta opción cuando proceda a realizar la cuantificación únicamente se tendrán en cuenta aquellos píxeles que estén por encima del umbral.

5.3   Ejemplos prácticos

A continuación se muestran varios ejemplos con protocolos detallados de las cuantificaciones de imagen más que habituales que se realizan con ImageJ/Fiji en nuestro servicio de microscopía. Los archivos originales están disponibles en la siguiente dirección de internet para que puedas descargarlos y realizar con ellos todos los protocolos de este libro.

https://drive.google.com/drive/folders/0BxDCQkjdYLA2UjZfWlRlUE9BYk0

5.4   Protocolo 6. Perfil de intensidad a lo largo de una línea

Medir la intensidad de la señal a lo largo de una línea resulta útil cómo una aproximación a la colocalización y también para estimar el SNR (*signal to noise ratio*) y el SBR (*signal to background ratio*) durante la optimización de la adquisición. También es muy útil para medir de manera objetiva el tamaño de los objetos, el cual puede definir como FWHM (*full width half maximum*) que es la distancia entre los puntos en los que la fluorescencia cae a la mitad del máximo. Medidas de esta forma unas *beads* fluorescentes de 3μm (Spherotech Inc.) tienen un FWHM de aproximadamente 3μm.

$$Signal\ Noise\ Ratio = \frac{AVG_{Signal}}{STDV_{Signal}}$$

$$Signal\ Background\ Ratio = \frac{AVG\_Signal}{AVG\_Background}$$

Para obtener el perfil de intensidades a lo largo de una línea o *Line Profile*. Lo ideal es realizarlo sobre una imagen con escala (protocolo 2) para que la distancia sean micras y no en píxeles, pero no es imprescindible.

`Edit > Options > Line Width…` `3 ó 5.` Para que la línea tenga un grosor de 3 o 5 píxeles y suavizar de esta manera el perfil, excepto si queremos estimar el SNR ya que en ese caso necesitamos conocer el nivel del ruido.

Escoger la herramienta de línea y dibujar la línea sobre la que queremos realizar el perfil. Puede ser una línea recta o segmentada (clic con el botón derecho en la herramienta de línea).

`Analyze > Plot Profile > List`

Salvar la tabla como archivo .txt para importar y manejar en Excel.

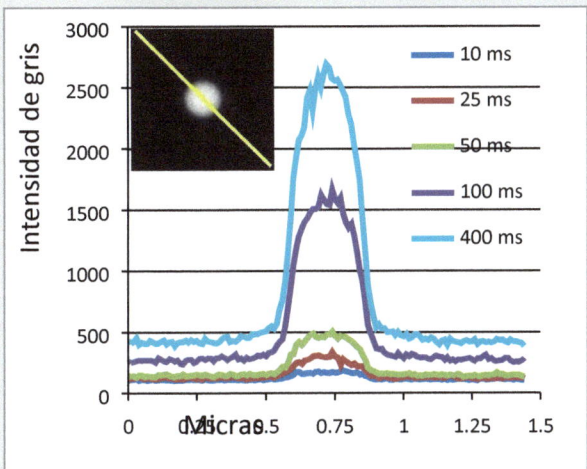

Figura 5.1 Perfil de intensidad de una bead fluorescente calculado sobre imágenes de diferentes exposiciones. Nótese tanto el SNR cómo el SBR disminuyen al disminuir la exposición. Esto es típico de imágenes de fluorescencia en las cuales el número de fotones emitido es bajo y la calidad de la imagen aumenta con el tiempo de exposición y/o la intensidad de la iluminación. Lamentablemente esto causa *bleaching* y fototoxícidad.

5.5   Protocolo 7. Cuantificación de la fluorescencia mediante thresholding y máscaras

A la hora de cuantificar la fluorescencia de una imagen podemos utilizar dos estrategias diferentes. O bien establecemos un umbral de fluorescencia mayor que el fondo y únicamente medimos la señal por encima de ese umbral, o bien utilizamos una máscara para seleccionar la región de la imagen en la que vamos a medir la fluorescencia. En cualquier caso debemos de estar seguros de que la respuesta de la cámara es lineal y en caso contrario debemos de realizar una calibración previa con cantidades de fluorescencia conocidas (diluciones seriadas del fluoróforo o *beads* con intensidades de fluorescencia conocidas; protocolo 11)

Por otro lado a la hora de cuantificar la fluorescencia podemos medir varios parámetros: fluorescencia total, media, máxima, mínima o desviación estándar. No obstante lo más habitual es medir la fluorescencia media o la total. Si medimos la fluorescencia de células, organelas y estructuras individuales cuyo tamaño no es siempre el mismo hay que utilizar la fluorescencia total. En cambio si medimos la fluorescencia de un conjunto de células, etc. cuyo número varía entre muestras es necesario medir la fluorescencia media.

Mean Gray Value = Integrated Density / Area

Mediante thresholding.

Analyze > Set Measurements… Area, Integrated Density, Mean Gray Value y seleccionar la opción de "Limit to Threshold.

Abrir las imagen que vamos a cuantificar (DAPI_1) y aplicamos sobre ella un umbral (threshold). Image > Adjust > Threshold… Método y seleccionar Dark Background. Dependiendo de la imagen funcionará mejor un método que otro. Para la imagen del ejemplo el método Li hace un buen trabajo. También podemos realizar la selección de umbral o thresholding manualmente. Lo importante aquí es seleccionar las células y excluir el fondo lo mejor posible, aunque hay que ser consistente en cómo lo establecemos si queremos cuantificar imágenes.

En la ventana de Threshold establecer (set) el umbral.

Finalmente medimos la fluorescencia: Analyze > Measure

A través de Máscaras.

Analyze > Set Measurements… Area, Integrated Density, Mean Gray Value y NO seleccionar la opción del Limit to Threshold.

El umbral resulta conveniente para una rápida cuantificación de la imagen general, pero si queremos segmentar diferentes elementos es mejor utilizar máscaras. Por ejemplo, es posible utilizar la tinción con DAPI para estimar la fase del ciclo celular en que se encuentra una célula. En este caso sabemos que la cantidad de DNA de una célula es la mitad cuando se halla en G1 que cuando se encuentra en G2 o M y podemos asumir que la fluorescencia de la tinción nuclear es proporcional a la cantidad de DNA (lo que habría que verificar durante la puesta a punto). Al cuantificar las imágenes nos encontramos que el tamaño del núcleo varía bastante entre células. Para calcular la cantidad de DNA que tiene una célula a partir de una tinción nuclear es necesario utilizar la `Int Density` en cada uno de los núcleos analizados y por lo tanto es necesario segmentar la imagen.

En primer lugar utilizamos el umbral para crear una máscara.

`Image > Adjust > Threshold… Method=Li, Set`

La máscara separa los núcleos del fondo, pero hay varios que si bien no están superpuestos se están tocando y que es necesario separar para poder segmentarlos. Esto lo podemos realizar mediante el filtro morfológico *Watershed*.

`Process > Binary > Watershed`

Finalmente utilizamos la herramienta de `Find Particles` para seleccionar una ROI para cada uno de los núcleos, que es lo que se denomina segmentar la imagen.

`Image > Analyze Particles… Size` (tamaño mínimo y máximo de los núcleos), `Circularity` (1=circular 0=completamente irregular), `Show Nothing, Add to Manager`

Ahora que tenemos en el ROI Manager una región que limita cada uno de los núcleos podemos medir la fluorescencia de cada uno (ver el ROI Manager).

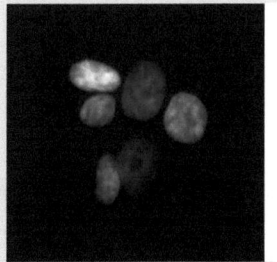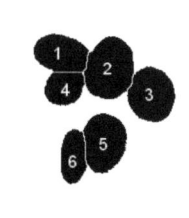

Figura 5.2 Imagen de núcleos teñidos con DAPI, umbral utilizado para su cuantificación y máscara utilizada para la segmentación de núcleos individuales.

Cell	Area	Mean	IntDen	Phase
1	169.329	2480.544	420011.092	G2/M
2	249.615	1461.378	364781.998	G2/M
3	211.133	1941.714	409959.407	G2/M
4	114.407	1842.567	210802.390	G0/G1
5	199.068	1164.543	231823.304	G0/G1
6	116.903	1691.335	197722.146	G0/G1

5.6   Protocolo 8. Cuantificación de la fluorescencia mediante thresholding y máscaras

En este segundo ejemplo vamos a utilizar imágenes de inmunofluorescencia para cuantificar los niveles de expresión de un receptor de membrana en dos condiciones diferentes. Lógicamente durante la puesta a punto de la tinción habremos establecido los controles para asegurar que es específica.

Abrimos la imagen que vamos a cuantificar (1MOP_Alexa488) y aplicamos sobre ella un umbral (threshold). `Image > Adjust > Threshold...` MinError y seleccionar `Dark Background`. Dependiendo de la imagen funcionará mejor un método que otro. También podemos realizar el thresholding manualmente. De nuevo, lo importante es seleccionar las células y excluir el fondo lo mejor posible.

Crear la máscara. `Process > Binary > Convert to Mask`

En la máscara hay elementos muy brillantes del background que no se corresponden a las células y que han sido considerados al cuantificar la fluorescencia por el método anterior. Frecuentemente este tipo de elementos se pueden eliminar aplicando filtros morfológicos (dilatar, erosionar, abrir, cerrar, rellenar, *watershed*) operaciones de conjuntos con las máscaras (intersección, unión).

Crear una máscara del Background. Igual que antes, pero sin seleccionar `Dark Background` ó simplemente: `Edit > Invert`. Atención, lo importante no es el color sino el valor 255 ó 0 de las diferentes áreas de la máscara.

`Process > Binary > Fill Holes` para eliminar (rellenar sobre el fondo) los puntos de suciedad del fondo. En la imagen 2MOP_Alexa488 esta estrategia no nos sirve porque al haber menos células al rellenar los agujeros eliminamos también amplias regiones con células. En este caso la estrategia, que también se podría aplicar al caso anterior, es diferente. Una vez creada la máscara utilizamos la herramienta `Analyze > Analyze Particles...` para seleccionar los puntos de suciedad. Seleccionamos partículas con un tamaño mayor de 500 píxeles (`500 - Infinity`) cuadrados que es un tamaño mínimo menor que el de las células individuales, pero lo suficientemente grande para permitirnos excluir los puntos del fondo.

Finalmente seleccionamos en el ROI Manager todas las ROI (regiones de interés) y creamos una única región con todos los puntos del fondo que luego utilizamos para cuantificar la imagen original.

```
ROI Manager > More > OR (Combine)… Add to Manager
```

Otra estrategia diferente para obtener una ROI específica de las células puede ser invertir la máscara (`Edit > Invert`) y/o utilizar diferentes umbrales para obtener varias máscaras que podemos combinar entre sí con la calculadora de imágenes (`Analyze > Image Calculator … Add, Substract, Difference`).

Seleccionar la nueva ROI y rellenar con Negro. `Edit > Fill`

Una vez tengamos una máscara que nos separe el fondo de las células la podemos utilizar para crear una región de interés que luego utilizaremos para medir la fluorescencia sin limitar al umbral a la imagen original.

Sobre la lascara: `Image > Adjust > Threshold > Default ó 1-255` y a continuación `Edit > Selection > Create Selection`

Sobre la imagen original: `Edit > Selection > Restore Selection;` `Analyze > Measure…` **NO seleccionar la opción del Limit to Threshold**.

En este segundo ejemplo (1MOP_Alexa488 y 2MOP_Alexa488) en el que el objetivo es comparar los niveles de expresión de un receptor en una población de células es muy complicado analizar célula a célula y es más conveniente utilizar la densidad media de toda la población para compensar diferencias en la densidad del cultivo. Además podemos observar que las intensidades medias medidas por el umbral son muy parecidas a la medidas con las máscara a pesar de que en estas últimas hemos limpiado mejor el fondo. Este se debe a que la cantidad de píxeles eliminados es pequeña y en su conjunto no contribuyen significativamente a la media de fluorescencia por lo que no podemos plantear si merece la pena el esfuerzo extra de su eliminación para apenas ganar en la exactitud de la medida. No obstante, en ocasiones la influencia del fondo puede llegar a ser muy significativa y por lo tanto cuanto más específica sea la ROI seleccionada mejor.

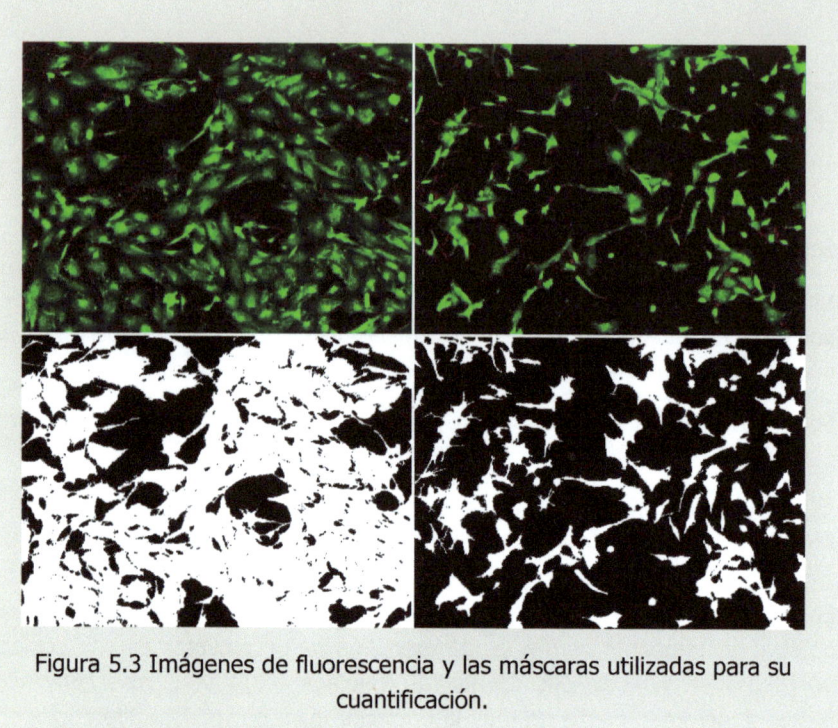

Figura 5.3 Imágenes de fluorescencia y las máscaras utilizadas para su cuantificación.

	Area	Mean	IntDen
	Thresholding		
1	415735.351	420.148	174670247.638
2	145167.459	615.359	89330084.628
	Máscaras		
3	411324.650	421.129	173220651.505
4	138386.663	631.255	87356848.243

5.7 Objetos puntuales

En las imágenes de microscopía de fluorescencia es habitual trabajar con objetos puntuales. Las técnicas de molécula única donde la señal procede de un único fluoróforo son un caso extremo de esta situación, pero también existen otras situaciones donde la señal procede de un cuerpo de un tamaño similar o incluso inferior a la resolución del objetivo. En ambos casos, el objeto se puede considerar como una fuente de luz puntual que vamos a detectar como un pico de fluorescencia con forma gaussiana. Aunque estos objetos también se pueden cuantificar mediante umbrales o máscaras, normalmente es mucho más sencillo detectar los picos de fluorescencia con la herramienta de máximos locales. Esta herramienta va a detectar aquellos píxeles que son máximos locales. Para ello establece un umbral alrededor de cada píxel igual a su valor menos un valor de tolerancia y acepta el píxel como máximo local si no existe ningún píxel vecino dentro de la región establecida por este umbral con un valor de intensidad superior.

Una vez identificados los máximos locales, podemos simplemente contarlos (ver siguiente ejemplo), o también cuantificarlos. Para ello podemos crear una máscara de puntos correspondientes a los máximos locales y luego dilatarla un par de veces para medir la fluorescencia del máximo local y de los píxeles contiguos. Otra alternativa es crear una máscara que incluya los máximos locales junto con los píxeles vecinos dentro del valor de tolerancia.

```
Process > Find Maxima… Single Points → Process > Binary >
Dilate

Process > Find Maxima… Maxima Within Tolerance
```

5.8   Protocolo 9. Contar máximos locales

En imágenes donde la señal proceda de una fuente puntual de un tamaño similar o inferior a la resolución del microscopio, como pueden ser los endosomas, lisosomas o mitocondrias, podemos utilizar la herramienta de encontrar máximos para identificarles.

La imagen que se va a analizar es el proceso de endocitosis de un receptor opiáceo cuando es estimulado por su agonista. Como los endosomas están en diferentes planos lo primero es realizar una proyección de estos.

```
Image > Stacks > Z-Project… Max Intensity
```

A continuación identificamos los máximos locales. A los 10 minutos es cuando hay mayor número de endosomas por lo que utilizaremos ese tiempo para establecer el valor de Noise Tolerance.

```
Process > Find Maxima… noise tolerance (valor), count
```

Puede resultar útil filtrar la imagen con un filtro gaussiano (Process > Filter > Gaussian… Sigma=0.6-1) o mediana (Process > Filter > Median… Radius=1-2) para suavizarla. También podemos medimos la STDV de la fluorescencia de fondo para ayudarnos a establecer el valor de tolerancia de manera objetiva. De esta forma podemos aplicar el mismo criterio a todas las imágenes (i.e. intensidad media del fondo + 5 desviaciones estándar).

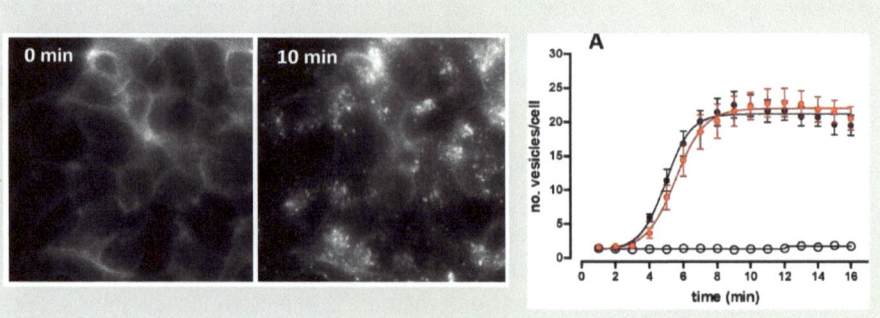

Figura 5.4 Cuantificación del número de endosomas por célula en un curso temporal.

Nota: Para cuantificar la endocitosis de MOP inducida por diferentes agonistas utilizamos un método un poco más sofisticado que nos permite discriminar entre falsos máximos locales y verdaderos endosomas (Campa VM., et al.)

5.9 Protocolo 10. El truco del sombrero mejicano

Este tipo de imágenes con puntos brillantes suelen mejorar si se filtran con un filtro de sombrero mejicano (Mexican Hat Filter) de aproximadamente el mismo tamaño que los puntos.

Image > Duplicate... Duplicate Hyperstack

Process > Filter > Convolve > Open... introducir el siguiente filtro mexicano y seleccionar la opción de normalizar.

```
Sombrero Mejicano
 0  0 -1 -1 -1  0  0
 0 -1 -3 -3 -3 -1  0
-1 -3  0  7  0 -3 -1
-1 -3  7 24  7 -3 -1
-1 -3  0  7  0 -3 -1
 0 -1 -3 -3 -3 -1  0
 0  0 -1 -1 -1  0  0
```

Al realizar este filtrado conseguimos que sea posible utilizar un umbral para seleccionar una ROI específica cuando anteriormente era imposible ya que un umbral lo suficientemente bajo como para excluir el fondo también eliminaba endosomas y por el contrario un umbral suficientemente alto para seleccionar todos los endosomas incluía una porción muy elevada del fondo.

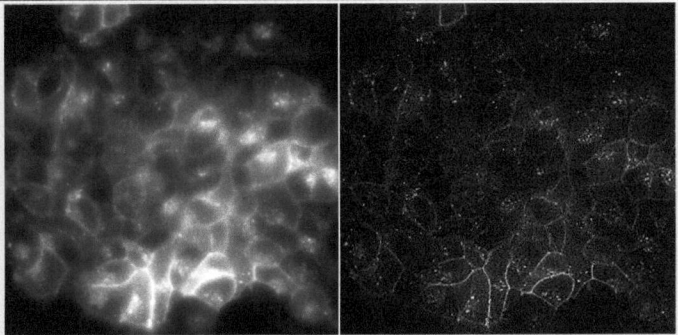

Figura 5.5 Filtrado de una imagen con endosomas con un filtro de sombrero mejicano.

5.10 Cuantificación de valores absolutos

Hasta ahora hemos cuantificado la intensidad de la señal en las imágenes, la cual viene dada en un número de valores de gris que depende de la profundidad de bits de estas. No obstante, no es lo mismo los valores de gris de una imagen que la concentración del fluoróforo en la muestra. Aunque normalmente asumimos que existe una relación lineal entre ambas cosas (siempre que las imágenes no estén saturadas) no tiene porqué ser así. Es más, en según qué experimentos la relación entre la intensidad del marcaje y concentración de la molécula detectada no es lineal y por lo tanto es necesario calibrar la señal para realizar una cuantificación de las imágenes con valores absolutos y no simplemente con unidades relativas. Por ejemplo para determinar concentración de un receptor en un experimento de *binding* sería necesario determinar la señal producida por la unión de diferentes concentraciones del agonista y conocer la Kd de la interacción agonista-receptor. También es necesario realizar una calibración para comprobar la respuesta del detector, que no siempre es lineal cuando está cerca de su saturación.

5.11 Protocolo 11. Calibración de la señal

Lo primero es seleccionar sobre la imagen a calibrar (o sobre una imagen referencia tomada en las mismas condiciones que la que queremos calibrar) regiones con intensidades conocidas. Para este ejercicio vamos a abrir la imagen del ejercicio junto con el archivo beads4calibration.zip que contiene las selecciones sobre una zona de background (fluorescencia = 0) y cinco *beads* fluorescentes cada una de ellas con el doble de señal que la anterior (fluorescencias = 1 ,2, 4, 8, 16).

```
Edit > Selection > Add to Manager… > More > Open…
```

Ahora medimos la intensidad media en estas regiones.

```
Analyze > Set Measurements… Mean Gray Value
```

```
Analyze > Measure
```

Finalmente realizamos la calibración de la intensidad. A partir de ahora cualquier medida de intensidad que realicemos la obtendremos en las unidades que hemos utilizado para la calibración.

```
Analyze > Calibrate
```

En la columna izquierda debemos de indicar los valores conocidos para cada una de las regiones y en la de la derecha introducimos los valores de intensidad que acabamos de medir. Por último seleccionamos las unidades (unidades arb. fluo, ng, microcurios, etc) y el tipo de ajuste que deseamos y solicitamos que se cree una gráfica para comprobar la bondad del mismo. Ahora podemos cambiar a una LUT que nos permita visualizar bien las diferencias en intensidades de señal. Resulta conveniente el brillo y el contraste entre los valores mínimos y máximos de señal que tenemos.

```
Image > Look Up Tables > 16 Colors
```

```
Image > Adjust Brightness and Contrast > 0 a 16
```

Por último insertamos la barra de calibración y convertimos a RGB para exportarla a otros programas.

```
Analyze > Tools > Calibration Bar
```

```
Image > Type > RGB color
```

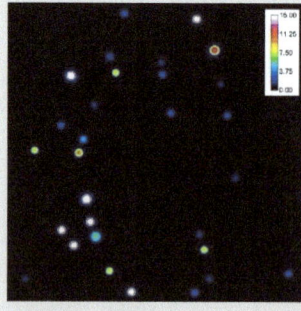 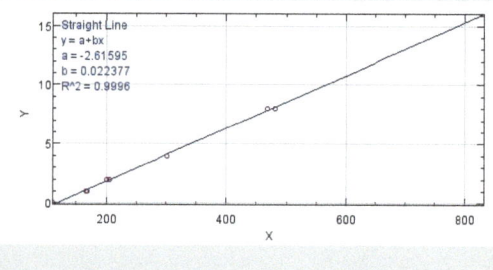

Figura 5.6 Calibración de una imagen de bead fluorescentes con intensidades de fluorescencia conocidas.

5.12 Protocolo 12. Segmentación y cuantificación de una imagen calibrada: total versus local umbral.

Una vez calibrada la imagen se puede proceder a su cuantificación de la misma forma que se realizó la cuantificación de la fluorescencia. Únicamente que ahora en lugar de valores relativos de fluorescencia obtendremos valores absolutos lo que nos permitirá no solo comparar entre si muestras de un experimento sino diferentes experimentos, incluso realizados en diferentes equipos.

Para cuantificar cada la fluorescencia de cada una de las *beads* lo primero que hay que hacer es establecer un threshold o umbral. Este se puede establecer a mano o automáticamente.

`Edit > Adjust > Threshold…` valor o método (default, Huang, etc.) y `Set`. Para imágenes de fluorescencia seleccionar `Dark Background`.

Ahora ya se puede realizar la segmentación, aunque resulta conveniente conocer el tamaño máximo y mínimo de las partículas que vamos a segmentar. Para ello podemos utilizar las herramientas de selección y `Analyze > Measure`.

`Analyze > Analyze Particles > Size = tamaño min & max y seleccionar Add to Manager`

Otras opciones: `Circularity` (0 menos circular a 1 redonda).

Crear imágenes del resultado de la segmentación en diferentes formatos, añadir al ROI manager, excluir regiones tocando con los bordes, rellenar agujeros. Finalmente seleccionamos todas las regiones en el `ROI Manager` y medimos su intensidad. Para ello en la propia ventana del `ROI manager > more > multimeasure`. Antes escogemos el tipo de medidas queremos. `Analyze > Set Measurements… Area, Mean Gray Value, Integrated Density`.

En ocasiones, como por ejemplo esta, el umbral normal no hace un buen trabajo ya que al final hemos seleccionado regiones de diferentes tamaños cuando el tamaño de todas las beads es el mismo. En este caso podemos probar a utilizar el threshold local, aunque este solo trabaja con imágenes de 8 bits por lo que primero debemos duplicar nuestra imagen y convertirla a 8 bits (antes debemos de ajustar el brillo y contraste entre el valor mínimo y máximo de intensidad de la imagen). Entonces sí podemos aplicar el threshold local con un valor de radio algo mayor, pero no mucho (aprox. el doble) y en número de píxeles.

`Image > Duplicate`

```
Image > Type > 8bits

Image > Adjust > Auto Local Threshold... radio
```

Se crea una máscara que podemos utilizar para segmentar las partículas con la herramienta `Analyze > Analyze Particles`.

En este caso concreto el Local Threshold hace bastante mejor trabajo permitiéndonos segmentar las *beads* con un tamaño mucho más consistente que el Threshold global que es confundido por el derrame de la fluorescencia de las beads más brillantes a zonas en las que no está físicamente la partícula fluorescente. Si no conseguimos seleccionar correctamente la región que queremos cuantificar ni con umbral ni aplicando máscaras siempre nos queda la opción de seleccionar una ROI (region of interest) de forma manual.

Alternativamente, otra estrategia cuando en lugar de un desbordamiento de la fluorescencia lo que ocurre es que la intensidad del fondo es irregular, es utilizar la herramienta de eliminar el fondo local (`Process > Subtract Background...`)

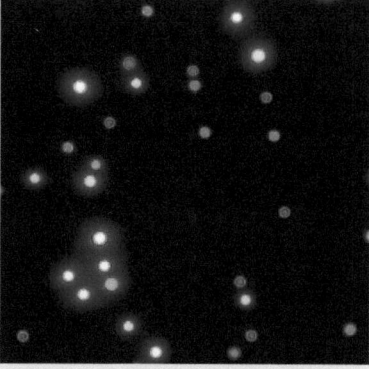

Figura 5.7 Comparación entre la segmentación de unas beads fluorescentes mediante un umbral general y un umbral local.

5.13 Granulometría

La granulometría es un procedimiento de análisis de imágenes que se usa habitualmente en geología para estimar el tamaño de muestras de arena o clastos. Cómo veremos también se puede utilizar para estimar el tamaño de agregados de células. Lo primero que hay hacer es a partir de las imágenes obtener una máscara que perfile la células lo más fielmente posible. Esto lo que podemos hacer sencillamente estableciendo un umbral y si es necesario utilizando algún filtro morfológico como el `Watershed` para separar aquellos elementos que se estén tocando. Una vez que tengamos la máscara, la sometemos a ciclos de `erosión / dilatatión (opening)` cada vez mayores (1 erosión + 1 dilatación, 2 erosiones + 2 dilataciones, etc.) y medimos el área de la máscara en cada uno de estos ciclos. La lógica del análisis es muy sencilla. Si durante el proceso de erosión no se elimina completamente una partícula de la máscara, esta recuperara aproximadamente su área durante la dilatación. En cambio si la partícula es erosionada completamente porque tiene un radio menor que la superficie erosionada la dilatación no la recuperará. La disminución del área total según vamos aumentando los ciclos de erosión y dilatación refleja el área ocupada por partículas de un radio menor o igual al que se ha erosionado.

También existe un *pluging* de ImageJ / Fiji para el análisis granulométrico que nos da la posibilidad de escoger diferentes elementos estructurantes para realizar la erosión (https://imagej.nih.gov/ij/plugins/granulometry.html).

5.14 Protocolo 13. Cuantificación de agregados celulares.

En primer lugar creamos la máscara que vamos a utilizar para un análisis granulométrico.

`Image > Adjust Threshold…` ajuste manual o automático

`Process > Binary > Convert to Mask`

Luego tenemos que calcular el área de la máscara antes y después de ser sometida a diferentes ciclos de erosión + dilatación (*opening*). Empezamos cada ciclo a partir de la máscara original por lo que debemos de duplicarla antes de empezar con cada ciclo de erosión + dilatación.

`Image > Duplicate…`

Ahora llevamos a cabo el ciclo de erosión más dilatación

`Process > Binary > Erode – repetir n veces (n = 0, 1, 2, …)`

`Process > Binary > Dilate – repetir n veces (n = 0, 1, …)`

Finalmente calculamos el área que sufrirá una caída brusca cuando el número de píxeles erosionados sea igual o mayor al radio de las partículas ya que estas serán completamente erosionadas y no se recuperarán durante los ciclos de dilatación.

`Image > Adjust Threshold… 1 – 255`

`Analyze > Set Measurements… Area & Limit to Threshold`

```
Analyze > Measure
```

Para visualizar los resultados resulta conveniente calcular la disminución del área en cada ciclo.

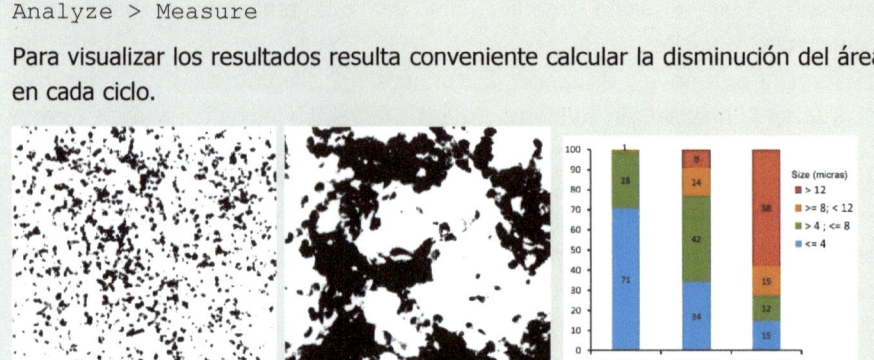

Figura 5.8 Máscaras obtenidas a partir de imágenes de células GFP+ a baja magnificación para el análisis granulométrico de su agregación y tabla con resultados del análisis granulométrico (Patricia Saiz-López, et al.).

5.15   Colocalización

Cuando realizamos un análisis de colocalización es fundamental conocer la resolución de las imágenes ya que por un lado todas las galaxias colocalizan dentro del Universo, pero por otro ningún átomo colocalizá con otro dentro de una molécula. En el caso de microscopía confocal estamos hablando de unos 150-160nm en el mejor de los casos, lo que no es suficiente para demostrar interacción entre moléculas. Y esto en el caso de que la adquisición se haya realizado según el criterio de Nyquist ya que de no ser así la precisión de la colocalización estaría limitada por el tamaño del píxel o vóxel de la imagen y no por la resolución del microscopio.

Por otro lado existen múltiples métodos para estimar un coeficiente de correlación cada uno con sus pros y sus contras. Quizás los dos más utilizados y más robustos son el coeficiente de Correlación de Pearson (PCC) y el Coeficiente de Correlación de Manders (MCC). Antes de realizar cualquier intento medianamente serio de analizar el grado de colocalización es necesario conocer el significado de estos coeficientes y cómo se calculan. Independientemente del método que utilicemos, debemos de limitar el análisis a aquellas zonas en las que podríamos esperar que los fluoróforos se encuentren. No tiene sentido realizar un análisis de colocalización en el que incluyamos zonas extracelulares sino que lo lógico es limitar el análisis a una célula. Tampoco tiene sentido incluir el núcleo si estamos analizando el grado de colocalización de estructuras citosólicas como endosomas o mitocondrias que nunca se encuentran en el núcleo.

El coeficiente de correlación de Pearson, PCC, o R^2, es una media estadística que indica el porcentaje de variabilidad del fluoróforo A que puede ser explicado por una regresión lineal con el fluoróforo B. Por lo tanto el PCC es el coeficiente más adecuado para casos como interacción de proteínas en los que la señal de ambos fluoróforos es proporcional. El PCC es independiente del background y de los niveles de señal y por lo tanto puede ser medido directamente entre dos canales sin ningún tipo de procesado previo (excepto seleccionar individualmente cada célula mediante una ROI).

Por el contrario el coeficiente de correlación de Mander o MCC mide la concurrencia entre dos fluoroforos independientemente de que exista o no proporcionalidad entre las dos señales. Dicho de otro modo, el MCC es una medida del porcentaje del fluoróforo A que colocaliza con un segundo fluoróforo B y viceversa. Existen por lo tanto dos MCC (fracción de A en B y fracción de B en A). Este tipo de análisis es más adecuado para casos en los que no tiene porqué existir proporcionalidad entre ambos fluoróforos, como por ejemplo la translocación nuclear de un proteína o la localización de otra en determinadas organelas. Este coeficiente presenta el inconveniente de que es muy sensible al background y por lo tanto hay que buscar un método objetivo para estimarlo. Para ello podemos o bien estimar el manualmente el umbral de cada uno de los canales y restar ese valor a la imagen completa antes de calcular los coeficientes de Manders o bien utilizar el método de estimación del umbral de Costes, el cual viene incluido en los diferentes paquetes de análisis de colocalización.

5.16   Protocolo 14. Análisis de colocalización.

Si aún no lo están, separar cada uno de los canales de la imagen (Image > Color > Split Channels) y sobre uno de ellos dibujar una ROI delimitando una única célula.

A continuación ya podemos realizar el análisis de colocalización.

Analysis > Colocalización > Colocalization Threshold...
seleccionar canal 1, canal 2 y canal en el que se ha seleccionado la ROI. Marcar la opción set Options para seleccionar que índice o índices queremos calcular.

Si existe una relación lineal entre los dos fluoróforos el mejor índice es el PCC ya que es insensible al background y no es necesario establecer ningún umbral. Únicamente hay que delimitar la región donde podrían encontrarse los fluoróforos. Si no existe una relación lineal es mejor utilizar el MCC. Es este caso no es tan importante delimitar la región ya que de alguna manera es lo que vamos a realizar al establecer un umbral. Lo ideal es utilizar el umbral de Costes, pero siempre hay que comprobar que los valores de threshold establecidos automáticamente discriminan adecuadamente la señal del fondo.

Image > Adjust > Threshold... introducir valores calculados automáticamente.

Si el valor automático del umbral es el correcto nos debemos de quedar con los MCC calculados con él (tM1 y tM2). Cuando no es así podemos establecer manualmente el threshold (y utilizar siempre el mismo entre diferentes imágenes) y restar su valor a cada una de las imágenes. Si las imágenes analizadas no tienen un offset demasiado elevado (no tienen píxeles con valores de fluorescencia de cero) es indiferente incluir zero-zero píxeles en el cálculo del threshold.

Process > Math > Substract... valor de threshold

Volvemos a calcular la colocalización de nuevo, pero hay que tener en cuenta que nos tenemos que quedar con los valores de MCC sin threshold. De nuevo es indiferente incluir los zero-zero píxeles en el cálculo del threshold ya que en esta ocasión que no los vamos a utilizar en el cálculo del mismo.

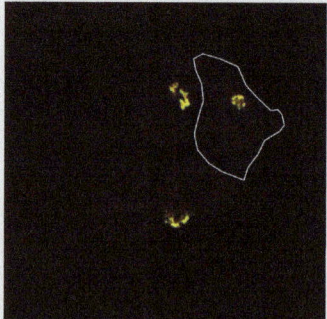

PCC = 0.812
MCC1 = 0.9054
MCC2 = 0.9278

Figura 5.9 Imagen de doble marcaje y resultados del estudio de colocalización.

Capítulo 6. Análisis y reconstrucción en 3D

6.1 Consideraciones previas

La microscopía confocal nos permite realizar secciones ópticas nítidas al eliminar la fluorescencia fuera del plano focal. Gracias a ello es posible realizar reconstrucciones y análisis en 3D, pero hay que tener siempre presente que para realizar buenas reconstrucciones y tener éxito en la segmentación de objetos en 3D lo más importante es tener muestras con un buen SNR y adquirir las imágenes correctamente. Cuánto mejor sean las imágenes más sencillo será su posterior análisis y reconstrucción. En particular tenemos que prestar atención por un lado a la resolución lateral (x, y) con que vamos a realizar la adquisición y por otro lado a la resolución axial (z).

La resolución lateral de un microscopio confocal se puede calcular mediante la formula:

$$Resolution\ lateral = {0,4\ \lambda}/{NA}$$

Donde λ es la longitud onda de la fluorescencia y NA es la apertura númerica del objetivo. No obstante, generalmente se puede conseguir en el propio software del microscopio. El teorema de Nyquist establece que el tamaño de cada píxel debería ser de 2 a 2,5 veces menor que la resolución del objetivo. El tamaño de píxel lo suele indicar el software y resulta de dividir la longitud real que cubre la imagen entre el número de píxeles. Con un tamaño de píxel mayor no estaríamos aprovechando la resolución del objetivo (*undersampling*) y con uno menor estaríamos sobre-escaneando la muestra (*oversampling*). No obstante, hay que tener en cuenta que no siempre necesitamos escanear las muestras con la máxima resolución posible. De hecho incluso puede resultar perjudical ya que podríamos tener problemas de *bleaching* o fototoxicidad. En este caso podemos aplicar el criterio de Nyquist a nuestra muestra en lugar de al objetivo, de tal manera que como mínimo el objeto más pequeño que queramos resolver debe ocupar como mínimo 3x3 píxeles. Esto en el caso de que solo queramos identificar a los diferentes objetos, si además queremos calcular su superficie el número de píxeles deberá ser mayor; idealmente el número mínimo de píxeles debería de ser 12 por el lado más estrecho para que su superficie digital se aproxime a la real (ver figura 6.1).

Píxeles:	3x3	6x6	9x9	12x12	15x15	18x18	infinito
Area:	0,55	0,66	0,75	0,77	0,78	0,79	0,785

Figura 6.1 Relación entre el número de pixeles de muestreo y el área de una esfera.

Por otro lado también debemos de determinar cada cuánto vamos a realizar una sección óptica. En este caso la resolución axial del objetivo viene dada por la formula:

$$Resolucion\ axial = 1,4\ \lambda\, n/NA^2$$

Donde λ es la longitud onda de la fluorescencia, NA es la apertura númerica del objetivo y n es el índice de refracción del medio. Al igual que antes para obtener la máxima resolución del objetivo la distancia mínima entre secciones debería ser menor 2,5 veces menor que la resolución axial del objetivo. Esto en la mayoría de los casos no es viable por el elevado número de secciones que supone. No obstante, la distancia entre secciones deberá ser siempre al menos la mitad del grosor del objeto más pequeño que queramos resolver. Si cada objeto aparece en al menos dos secciones ópticas nos aseguramos de que no estamos perdiendo ninguno en los huecos entre secciones.

Brillo y Contraste

En secciones gruesas es habitual que la fluorescencia sea menor en las zonas más alejadas de la superficie. Los fluoróforos no penetran bien y/o el laser sufre dispersión. Idealmente lo mejor es corregir este problema directamente durante la adquisición compensando la menor fluorescencia con un progresivo aumento del laser y/o la ganancia según vamos penetrando en la muestra. No obstante, si el software de nuestro equipo no lo permite, o si se nos ha olvidado, siempre podemos normalizar el brillo y el contraste para que sea el mismo entre todas las secciones.

```
Process > Enhance Contrast > Normalize
```

Recortar y duplicar z-stacks

Antes de realizar ninguna representación es posible que deseemos recortar una zona determinada de nuestras z-*stacks*. Para ello hacemos una selección rectangular sobre la zona de interés y a continuación duplicamos la *Z-*

stack. También es necesario duplicar la *Z-Stack* antes de aplicar filtros o de crear máscaras durante la segmentación de las imágenes ya que necesitamos conservar la original para luego realizar las medidas sobre ella, especialmente si vamos a medir intensidad de fluorescencia u otras parámetros que dependan de ella ya que como sabemos los valores originales de fluorescencia se modifican al realizar el filtrado de las imágenes.

```
Image > Duplicate… Duplicate Hyperstack
```

Propiedades de la Imágen

Antes de comenzar es muy importante, especialmente si vamos a medir superficies y volumenes, asegurarse de que estamos trabajando con un tamaño de vóxel correcto.

```
Image > Properties…
```

En muchos casos estos datos son importados correctamente al abrir los archivos en imagej con el *pluging* Bio-Formats, pero nunca está de más comprobar que esto es así. La anchura y altura de los píxeles la podemos obtener del software del propio microscopio confocal o si no simplemente basta con dividir el campo de visión entre el número de píxeles. La profundidad del voxel es la distancia entre secciones ópticas.

Para realizar las reconstruciones resulta recomendable utilizar datos isotropicos. No obstante, la altura del voxel es mayor que la resolución lateral por lo que resulta conveniente reajustar el número de secciones mediante interpolación para que la distancia entre ellas sea igual a la resolución lateral. Obviamente esto no conduce a una mayor resolución de la imagen pero la reconstrucción queda mejor. Esto se consigue reloncheando la *Z-stacks* dos veces consecutivas.

```
Image > Stacks > Reslice… Output spacing = tamaño del píxel en XY
```

```
Image > Stacks > Reslice
```

6.2 Montaje

La manera más sencilla de representar las diferentes secciones ópticas es realizar un montage con cada uno de los planos. Para ello una vez que hemos ajustado el brillo y el contraste de la *Z-stack* primero la convertimos a RGB (`Image > Color > Channels Tool…More > Convert to RGB`) y a continuación realizamos el montaje de los diferentes planos en una única imagen (`Image > Stacks > Make Montage…`). Seleccionamos el número de filas y de columnas y el grosor del borde y le damos a aplicar. Además puede resultar interesante reducir el tamaño de la imagén (`Scale Factor`) y ajustarlo a la máxima resolución con la que se va a imprimir (normalmente 600 dpi). También podemos eliminar alguno de los planos para ajustar su número con el de filas y columnas deseado.

```
Image > Stacks > Remove Slice
Image > Stacks > Slice Remover…
Image > Stacks > Slice Keeper…
```

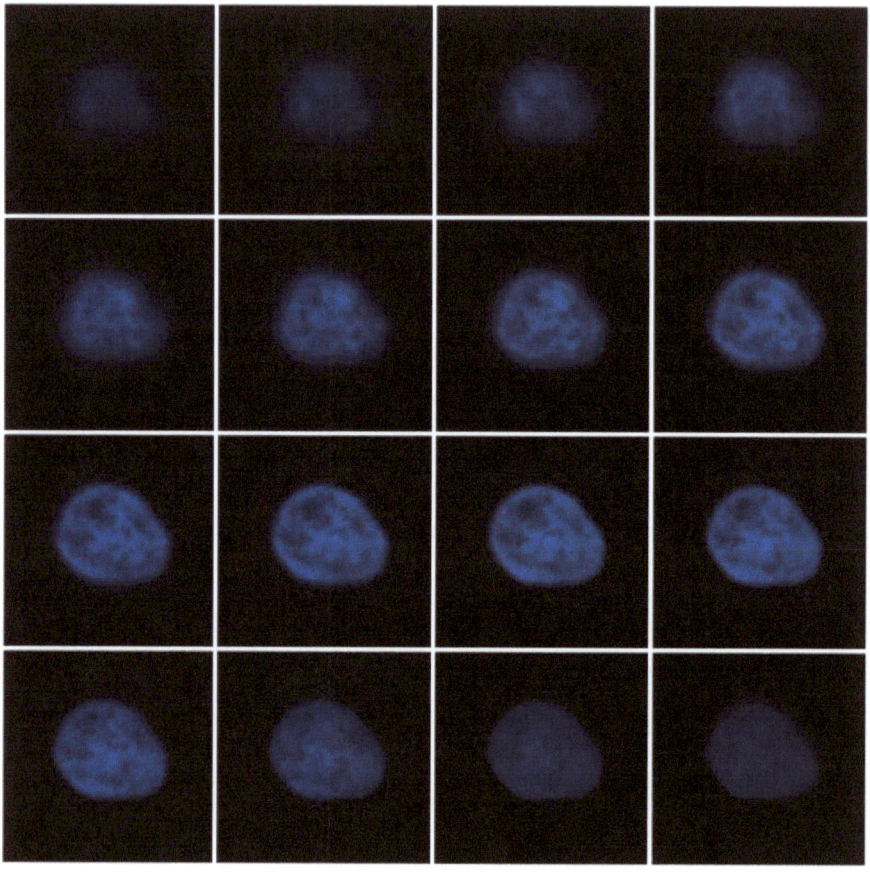

Figura 6.2 Montaje de secciones ópticas en un único panel.

6.3 Proyección máxima

Una de las formas más habituales de representar las diferentes secciones ópticas es realizar una proyección de las diferentes secciones ópticas de forma que se representa el píxel de máyor intensidad entre los diferentes planos ya que en microscopía confocal la mayor intensidad de fluorescencia de un objeto está localizada en su plano focal. De esta manera se obtiene una imagen similar a la que obtendriamos con un microscopía de fluorescencia convencional o *widefield*, pero mucho más nitida ya que eliminamos la fluorescencia fuera de los planos focales. El inconveniente de esta representación es que se pierde la información de volumen y dos objetos situados en diferentes planos puede parecer que colocalizan cuando en realidad están uno encima del otro.

```
Image > Stacks > Z-Project…  Max Intensity
```

6.4 Vista ortogonal

Mediante la vista ortogonal se escoge una de las secciones ópticas (vista xy) y a su lado se muestran los planos perpendiculares a esta que se situan sobre una línea horizontal (vista xz) o vertical (vista yz) de nuestro interés. Con esta representación, aunque se muestra el volumen y podemos hacernos una idea del grosor de nuestra muestra solo podemos representar una parte de ella, la que corta a los planos xy e yz. Eso sí, ya no existe el problema de que parezca que estructuras de planos diferentes colocalizan. Para realizarla primero convertimos a RGB la Z-stack como se indica anteriormente, luego escogemos una de las secciones ópticas como nuestra vista xy y por último realizamos la representación ortogonal y con el cursor vamos moviendo las líneas para obtener las vistas xy e yz deseadas..

```
Image > Stacks > Orthogonal Views…
```

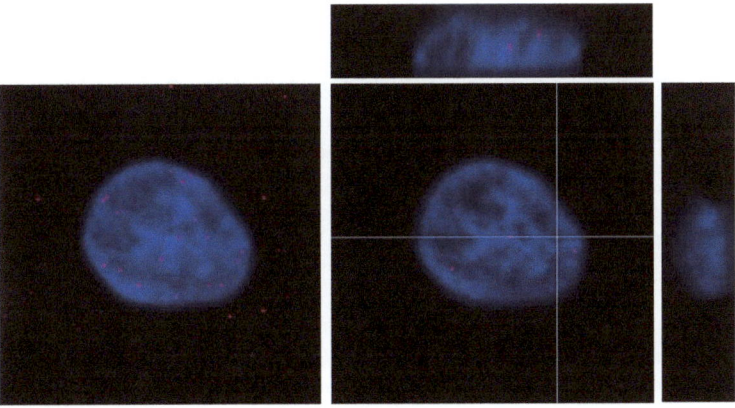

Figura 6.3 Proyección máxima (izquierda) y vista ortogonal (derecha) de un *Z-Stack*.

6.5 Proyecto 3D (3D-Project)

Hasta ahora las representaciones mostraban la información de volumen en dos dimensiones, pero para visualizar el volumen necesitamos realizar una representación tridimensional. La manera más sencilla es hacer un proyecto 3D gracias al cual podemos ver nuestra muestra en 3D girando sobre un eje de rotación. Para ello, como se indica más arriba, lo primero ajustamos el brillo y el contraste y convertimos la Z-Stack a RGB.

`Image > Stacks > 3D Project...`

Podemos escoger el eje de rotación, el angulo inicial y final de la rotación. Además podemos escoger entre varios tipos de representación. La representación `Nearest Point` nos muestra muy bien la superficie de la estructura ya que representa el punto más cercano a nosotros con una intensidad de fluorescencia superior a un determinado umbral. Mediante `Lower Transparency Bound` indicamos el umbral por debajo del cual no hay señal. También podemos dar mayor o menor profundidad a la imagen con `Surface Depth-Cueing`.

En cambio la representación `Brightest Point` muestra el píxel de mayor intesidad que se encontraría una línea que atravesase la muestra desde nuestro punto de vista. Sirve para visualizar el volumen. En este tipo de proyección podemos establecer el grado de transparencia mediante `Surface Opacity`. En este caso la profundidad se consigue jugando con `Interior Depth-Cueing`.

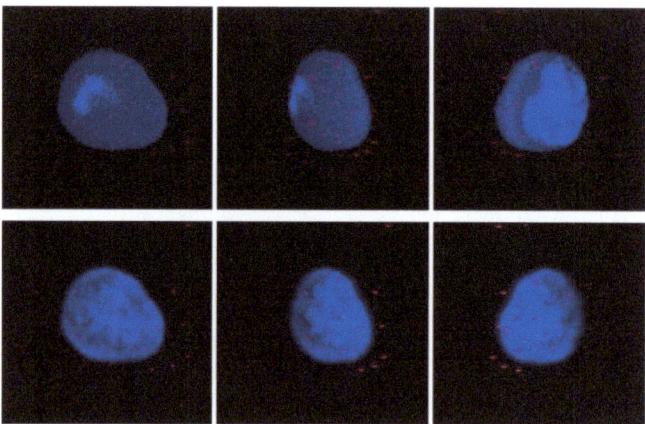

Figura 6.4 Diferentes vistas de las representaciones tridimensionales realizadas con el método de Nearest Projection (fila superior) o con el método Brightest Projection (fila inferior) del pluging 3D-Project.

En ambos tipos de representaciones debemos de seleccionar `Interpolate` para eliminar los huecos que hay entre las secciones que se producen porque normalmente la distancia entre dos secciones es mayor que el tamaño de un píxel.

6.6 El visor 3D (3D-Viewer)

Otra forma de crear modelos tridimensionales es mediante el **3D Viewer**. Este *pluging* es una herramienta más potente que el proyecto 3D y merece la pena entender bien su funcionamiento ya que se acopla muy bien con otros *pluging* dedicados a la segmentación (**3D Object Counter** o **Segment Blob** in **3D Viewer**), la cuantificación (**3D Manager**) o la creación de modelos (**Create Surfaces**) en tres dimensiones. En las últimas versiones tanto de ImageJ como de Fiji ya viene instalado por defecto. En ImageJ hay que bajar el archivo ImageJ_3D_Viewer.jar (http://3dviewer.neurofly.de/) y copiarlo en dentro de la carpeta *pluging* de ImageJ. El **3D Viewer**es un *pluging* que requiere Java 3D para funcionar correctamente así que hay que asegurarse de que está instalado si no funciona.

```
Pluging > 3D Viewer…
```

```
Plugins > 3D > 3D Viewer…
```

El *pluging* solo trabaja con imágenes de 8bits en escala de grises o en color (8bit Color) así que tenemos que convertir nuestra *Z-Stack* a uno de estos formatos si no lo está. Además es más sencillo si al realizar la reconstrucción vamos cargando cada uno de los canales por separado por lo que resulta conveniente separar los diferentes canales antes de comenzar.

```
Image > Color > Split Channels
```

```
Image > Type > 8bits
```

Con nuestra *Z-Stack* separada en diferentes canales y convertida a 8bits iniciamos el **3D Viewer** y se abre una ventana con una serie de opciones que tenemos que especificar, sí bien es posible modificar estas opciones a más adelante.

```
Image > 3D Viewer…
```

`Image` La Z-Stack con el canal en 8bits que vamos a reconstruir

`Name` El nombre que queremos darle a esa capa

`Display as…` Las Z-Stacks al igual que con 3D Project pueden ser mostradas como volúmenes o superficies y ahora además también con una representación ortogonal.

`Color` El color que deseamos en la capa.

`Threshold` para representaciones de superficies. Solo se representan objetos por encima de este umbral (para hacernos una idea del umbral correcto `Image > Adjust > Threshold…`).

`Resampling Factor` Es posible que necesitemos reducir el tamaño de las imágenes para que se puedan representar ya que la reconstrucción consume mucha memoria.

`Channels` En caso de imágenes en color (8bit Color) podemos escoger cual es el canal que queremos cargar. Como ya he mencionado lo mejor es tener los diferentes canales separados en escala de grises de 8bits, así que como solo subimos un canal de cada vez podemos dejar todos seleccionados tal y como aparece por defecto.

Una vez cargado el primer canal solo tenemos que repetir el proceso con cada uno de los otros canales. Al ir subiendo los canales de manera individual es posible combinar distintos tipos de representación (por ejemplo representación ortogonal y de superficies; ver imagen). Lógicamente deberemos de indicar un color diferente para cada canal y escoger el mismo tamaño para todos los canales de la *Z-Stack* original.

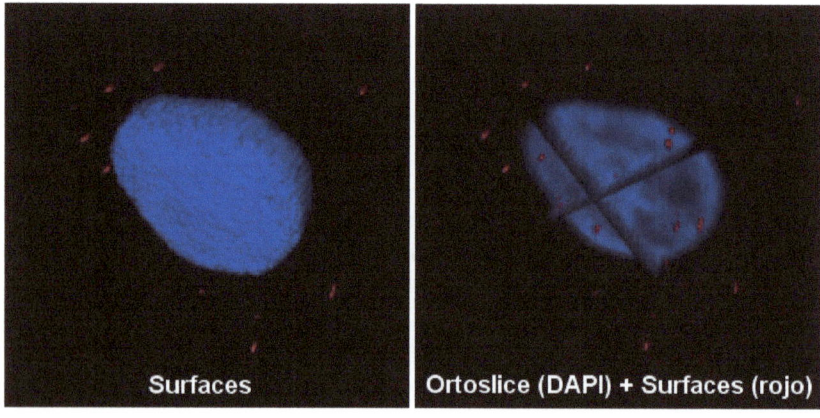

Figura 6.5 Diferentes representaciones tridimensionales con la herramienta 3D-Viewer.

Una vez cargados todos los canales es posible interaccionar con la representación. Para **rotar** Seleccionar la mano en la barra de herramientas y arrastrar el ratón sobre la imagen con el botón izquierdo pulsado o utilizar las flechas del teclado. **Trasladar** es igual que rotar, pero con la tecla Shift pulsada. Para **aumentar** y **disminuir** hay que seleccionar la lupa en la barra de herramientas y mover la rueda del ratón.

Es importante que no tengamos ninguna de las diferentes capas seleccionadas al realizar estas operaciones ya que entonces se moverá ella sola de manera independiente. Las capas se seleccionan pinchando sobre ellas y se puede saber si están seleccionadas porque se activa un cubo rojo que las delimita. En caso de que nos equivoquemos siempre podemos volver al punto inicial mediante el menú del **3D Viewer**.

```
Edit > Select > Nombre de la capa
Edit > Transformation > Reset Transform
```

También es posible modificar el tipo de representación, el color de la capa, o el grado de transparencia o el umbral de cada capa y cambiar el color del fondo, mostrar los ejes de coordenadas.

```
Edit > Select > Nombre de la capa
Edit > Change Color
Edit > Change Transparency
Edit > Adjust Threshold
View > Change Background color
Edit > Select > Nombre de la capa; Edit > Show Coordinate
System
```

Con la capa de interés seleccionada al pinchar sobre el botón derecho del ratón se nos presentan una serie de opciones.

Adjust Slices para seleccionar los planos que queremos mostrar en la representación ortogonal.

Saturate Volume Rendering para saturar el color en la representación del volumen.

Smooth Mesh o Smooth Control para suavizar los contornos en la representación de superficie.

Decimate Mesh para simplificar el número de nodos que forman la superficie de la estructura.

Una vez escogida la visualización que más nos guste podemos realizar películas animadas o capturar la vista actual.

`View > Record 360deg Rotation` para realizar una rotación de 360 grados sobre un eje vertical.

`View > Start Freehand recording…` mover libremente, `View > Stop Freehand Recording` para realizar una película mientras movemos libremente la reconstrucción.

`View > Take Snapshot` para realizar una captura de la vista actual.

Por último, podemos exportar la superficie como un archivo .obj que podemos volver a importar más adelante lo cual es interesante para crear modelos.

`File > Export Surfaces > Wavefront`

`File > Import Surfaces > Wavefront`

También es posible editar la imagen al realizar las representaciones 3D para tener vistas - como cortes oblicuos - que no podemos obtener con una representación ortogonal. Para ello lo primero es cambiar la vista de la *Z-Stack* para obtener aquella sobre la que queremos realizar el corte. Luego seleccionamos con cualquiera de las herramientas de selección el área que queremos cortar y la rellenamos con color del fondo.

`Edit > Stacks > Reslice… Top (XZ)` o `Left (YZ)`

Seleccionar área con las herramientas y rellenarla con el color del fondo `Edit > Fill`

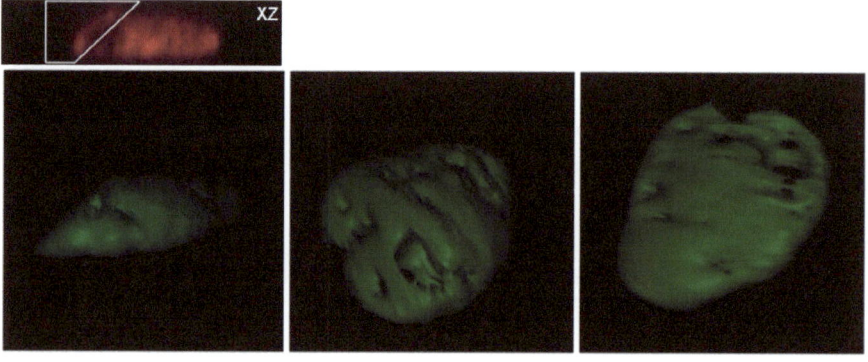

Figura 6.6 Diferentes vistas de la sección transversal de una reconstrucción 3D (verde). Arriba en rojo se muestra el plano central de la vista xz y el área que ha sido eliminado.

6.7 Filtrado y binarización

Hasta ahora hemos tratado de las diferentes formas de representar las *Z-Stacks* obtenidas con el microscopio confocal, pero si bien no es tan atractivo visualmente, lo verdaderamente interesante es realizar medidas de volúmenes, superficies, distancia, ángulos velocidades, intensidad de fluorescencia, etc. Para poder hacer esto hay que segmentar la imagen, pero para tener éxito con la segmentación primero es necesario filtrar y/o binarizar nuestra *Z-stack*. De hecho el filtrado es conveniente también antes de realizar representaciones tridimensionales ya que suaviza mucho los bordes de la imagen.

Aunque es posible usar los filtros 2D y tratar cada plano de manera independiente de los demás tiene más sentido usar los filtros 3D ya que al fin y al cabo estamos trabajando con volúmenes. Normalmente la aplicación de un filtro mediana o un filtro gaussiano con un radio pequeño (1 o 2 píxeles) suaviza bastante la imagen y elimina muy bien el ruido del fotomultiplicador. Si hemos adquirido nuestras imágenes con el criterio de Nyquist nuestra estructura más pequeña contendrá más de 9 píxeles por plano en al menos dos planos y no será eliminada por estos filtrados. Otros filtros disponibles son filtros de media, mínimo, máximo o varianza. Es interesante jugar con estos filtros y aplicarlos con diferentes radios para ver qué efecto tienen.

```
Process > Filters > Median 3D… , Gaussian 3D, Mean 3D…
```

Al instalar la **3D image Suite** de la que forma parte el **3D manager** (ver más adelante) también se instalan filtros tridimensionales adicionales entre el que se encuentra el filtro TopHat que es muy interesante para destacar objetos con forma de punto (mitocondrias, sinapsis, endosomas, etc.).

Una vez filtrada la *Z-Stack* podemos pasar directamente a segmentarla aunque,al igual que ocurre con las imágenes en 2D, en ocasiones es necesario binarizarla para quedarnos únicamente con las estructuras de interés. A estas imágenes binarizadas (área encima del umbral en blanco y área por debajo negro o viceversa) se denominan máscaras porque al igual que una máscara se pueden superponer sobre la imagen original para modificar esta última. Una vez que hemos binarizado la *Z-Stack* existen una serie de herramientas (erosionar, dilatar, rellenar agujeros, perfilar, etc.) que nos van a facilitar quedarnos únicamente con las estructuras que nos interesan. Además también podemos sumar o restar estas máscaras entre sí o sobre la imagen original. El objetivo es utilizar estas herramientas de una manera racional para separar las estructuras en las que estamos interesados del resto y poder segmentarlas adecuadamente.

Lo primero es establecer un umbral y convertirla a binaria.

```
Image > Adjust > Threshold…
Image > Binary > Make Mask
Image > Binary > Make Binary
```

A continuación modificamos la máscara con las diferentes herramientas disponibles.

```
Image > Binary > Erode, Dilate, Fill Holes, etc.
```

Por último utilizamos la calculadora de imágenes para sumar y restar máscaras entre sí. Las operaciones matemáticas no solo se aplican a las máscaras. También se pueden realizar entre diferentes imágenes, pero en cualquier caso hay que pensar que ciertas operaciones nos pueden dar resultados con valores decimales o incluso negativos. En estos casos el resultado se debe de obtener en una imagen de 32bit, la cual siempre se puede convertir a 8bits si es necesario.

```
Image > Image Calculator…
```

Si es necesario siempre podemos invertir la imagen para que las áreas negras sean blancas y viceversa.

```
Edit > Invert
```

En la imagen siguiente podemos ver como se ha separado las zonas del núcleo con menor intensidad de fluorescencia que se corresponde con los nucléolos mediante una combinación de varias de estas herramientas.

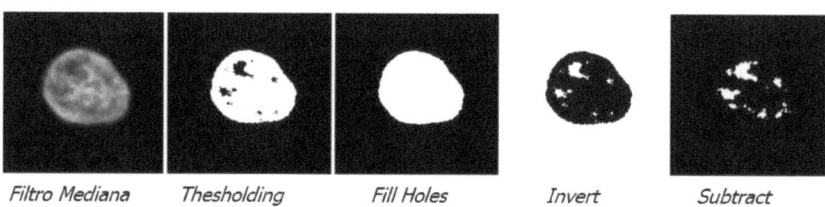

Filtro Mediana   Thesholding   Fill Holes   Invert   Subtract

Figura 6.7 Segmentación de las zonas de menos intensidad correspondientes a nucleolos mediante la binarización de un *Z-Satck.*

Existen diferentes algoritmos para calcular el umbral de una imagen: `Default, Huang, Intermodes, IsoData, etc.` De cara a automatizar el proceso de segmentación lo mejor es probar todos para ver cuál realiza el mejor trabajo calculando el umbral automáticamente. Por último también es posible calcular automáticamente un umbral local alrededor de un radio determinado.

```
Image > Adjust > Autothreshold…
Image > Adjust > Auto Local Threshold…
```

6.8 3D Object Counter

Este *pluging* nos permite segmentar los objetos 3D basándose en un umbral de fluorescencia que nosotros establecemos. Su funcionamiento es similar a la herramienta `Find particles…` pero en 3D y lo podemos utilizar bien con imágenes o con máscaras. Cuenta el número de objetos con un valor de fluorescencia superior al umbral y nos permite medir diferentes parámetros de estos: volumen, superficie, intensidad de fluorescencia, centro de masas. Además genera *Z-stacks* del volumen, superficie y centro de masas de cada objeto, las cuales podemos cargar y representar en 3D mediante el **3D Viewer**. Para su instalación en ImageJ hay que descargar el archivo Object_Counter3D.class (http://imagej.net/3D_Objects_Counter) que se encuentra en la colección de *pluging* de ImageJ y guardarlo en la carpeta *pluging* del programa (ImageJ o Fiji) y reiniciar este.

Su utilización es sencilla. Primero indicamos los parámetros que queremos determinar y a continuación indicamos el umbral de fluorescencia (125 para máscaras) a partir del cual consideramos los objetos y su tamaño mínimo y máximo en píxeles. Esto hay que determinarlo para el objeto mayor y el más pequeño de la imagen. Si la imagen es limpia podemos establecer unos márgenes muy conservadores, pero si no cuanto más nos ajustemos al tamaño real mejor. Al igual que ocurre con el **3D Viewer**, si tenemos una *Z-Stack* con varios canales hay que separarlos antes y segmentar cada canal por separado. Si estamos interesados en representar los centros de masas en 3D. El umbral de fluorescencia que delimita los bordes de los objetos es algo subjetivo, pero es el mismo para todos los objetos de una *Z-Stack* y debería de mantenerse para diferentes *Z-Stacks* del mismo experimento. Además, si queremos determinar los bordes de manera más objetiva podemos representar la fluorescencia de una línea que atraviese al objeto en el plano central y establecer el límite del objeto como la intensidad intermedia de la pendiente que lo delimita, que es lo que se denomina *Full Width at Half Maximum* (FWHM).

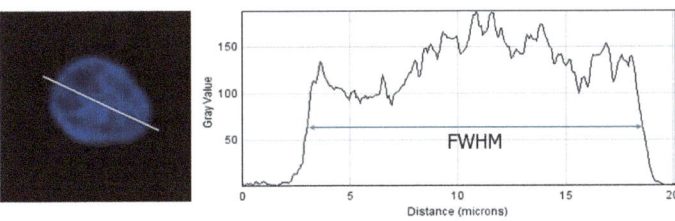

Figura 6.8 Identificación de los bordes de un núcleo mediante el criterio del Full width Half Maximun.

```
Analyze > Plot Profile
```

```
Plugins > 3D Object Counter > Set Measurements...
```
seleccionar aquellos parámetros que queremos medir e indicar el tamaño del punto si queremos representar el centro de masas.

```
Plugins > 3D Object Counter > 3D Object Counter...
```
establecer umbral, tamaño del objeto e indicar que si queremos representar el volumen, superficie, etc.

ROI	Vol	Surf	Fluo	AVG	Min	Max
Cell 1	830	987		101	40	241
Cell 2	884	1222		97	40	219

Tabla 6.1 Medidas obtenidas al segmentar con **3D Object Counter** la *Z-Stack* cuya representación 3D se muestra en la figura 6.9.

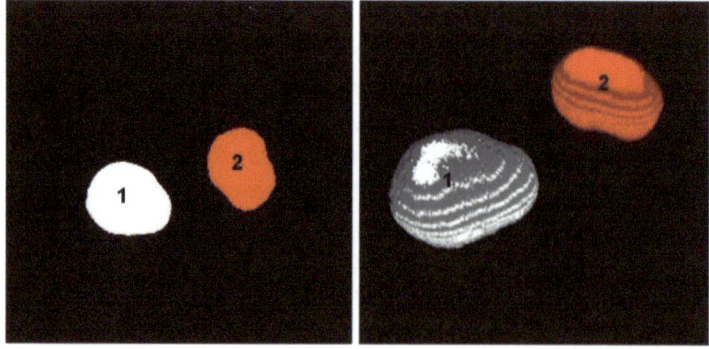

Un plano del stack   **Representación tridimensional**

Figura 6.9 Representación de los núcleos cuyo volumen, superficie e intensidad ha sido calculado mediante el *pluging* **3D Object Counter** y cuyos valores se muestran en la tabla 6.1.

Una vez que el programa realiza la segmentación para realizar una representación 3D de los objetos segmentados hay que cambiar la LUT para que los objetos aparezcan en diferentes colores, ajustar el brillo y el contraste de la *Z-Stack* generada por el *pluging* que vamos a representar y cambiar el formato a 8bit color ya que el **3D Viewer** solo acepta imágenes de 8bits.

```
Image > Lookup Tables > Fire
```

```
Image > Adjust > Brightness and Contrast...
```

```
Set Minimum Value = 0; Maximum Value = n° objects
```

```
Image > Type > RGB
Image > Type > 8bit Color
Pluging> 3D viewer… Display as Volume
```

6.9 El manager de ROI en 3D (3D Manager)

Gracias al *pluging* anterior podemos segmentar basándonos en un umbral de fluorescencia, tanto *Z-Stacks* como máscaras obtenidas a partir de estas y medir el volumen, la superficie o la intensidad de fluorescencia de las diferentes partículas u objetos. El problema es que si para la segmentación utilizamos máscaras no tiene sentido medir intensidades de fluorescencia ya que la segmentación se realizó sobre una imagen binaria. De hecho si la *Z-Stack* sobre la que realizamos la segmentación ha sido filtrada los valores de fluorescencia de cada píxel habrán cambiado en función de los de sus vecinos y es por lo tanto mucho mejor realizar cualquier medida sobre la *Z-Stack* original. Para ello podemos utilizar el **3D Manager** que es un *pluging* que emula al **ROI Manager** de ImageJ, pero en 3Ds y que es una herramienta que se integra perfectamente con el **3D Object Counter** y el **3D Viewer**.

El **3D Manager** forma parte del conjunto **3D ImageJ Suite** que incluye entre otras herramientas filtros 3D o herramientas binarias como rellenado de agujeros. Aunque se puede instalar por separado lo mejor es instalar toda la suite. Para ello hay que bajar el archivo mcib3d-suite.zip que se encuentra en la Wiki de ImageJ y descomprimirlo en la carpeta *pluging* del programa (ImageJ o Fiji).

Su utilización es sencilla ya que tanto en apariencia como en funcionamiento este *pluging* es similar al **ROI Manager**. Primero indicamos los parámetros que deseamos medir (volumen, superficie, intensidad de fluorescencia, centro de masas, centroide, compactación, etc. etc.). A continuación abrimos nuestra *Z-Stack* o máscara y la segmentamos como se indica más arriba con el **3D Object Counter** y una vez segmentada la imagen añadimos los diferentes objetos al **3D Manager**.

`Plugins > 3D > 3D Manager Options…` seleccionar los parámetros deseados.

Abrir una *Z-Stack* o máscara 3D y segmentar con **3D Object Counter**

`Plugins > 3D > 3D Manager… Add Image`

Ahora cerramos la máscara que utilizamos para la segmentación y las imágenes generadas por el **3D Object Counter** (sí deseamos representar los objetos en

3D podemos salvarlas para cargarlas posteriormente en el **3D Viewer**) y abrimos la *Z-Stack* original que es sobre la que vamos a realizar las medidas, separamos los diferentes canales y nos quedamos solamente con aquel sobre el que vamos a medir y realizamos las medidas (Measure 3D o Quantif 3D).

| Núcleo | Nucleolos | Puntos nucleares | Puntos citosólicos |

Figura 6.10 Representación tridimensional de los objetos encontrados al segmentar las máscaras con el 3D Object Counter.

	Label	Vol (unit)	Surf (unit)	Label	Min	Max	Mean
Nucleolus 1	obj1-val1	36.732	203.122	obj1-val1	35.000	117.000	80.167
Nucleolus 2	obj2-val2	1.230	12.910	obj2-val2	67.000	112.000	88.712
Nucleolus 3	obj3-val3	1.071	9.710	obj3-val3	63.000	104.000	83.891
Nucleolus 4	obj4-val4	3.077	24.947	obj4-val4	58.000	114.000	85.567
Nucleolus 5	obj5-val5	2.195	21.087	obj5-val5	59.000	111.000	85.800
Nucleolus 6	obj6-val6	3.345	24.613	obj6-val6	53.000	107.000	85.223

Tabla 6.2 Medidas obtenidas después de incluir las ROI de los objetos segmentados en el 3D Manager y realizar las medidas sobre la *Z-Stack* original. Nótese que los valores de volumen y superficie de los diferentes nucléolos son idénticos a los obtenidos con el 3D Object Counter y que los valores medios de fluorescencia son en todos los casos inferiores a la fluorescencia media del núcleo obtenida al segmentar directamente con 3D Object Counter.

Además, si seleccionamos dos o más de los objetos incluidos en el **3D Manager** (presionar Shift) podemos determinar las distancias, los ángulos y el porcentaje de colocalización que hay entre ellos y representarlos de manera separada del resto con el **3D Viewer**.

Seleccionar objetos presionando Shift

> Distances

> Angles

> Colocalization

> 3D Viewer

6.10 3D Spot Segmentation

En microscopía confocal muchas veces trabajamos con objetos cerca, o incluso por debajo, del límite de resolución del microscopio y que aparecen como puntos brillantes en la imagen. El **3D Spot Segmentation** es un *pluging* especializado en la detección de objetos puntuales que viene incluido en la **3D Image Suite** y que para realizar la segmentación calcula un umbral local alrededor de una semilla inicial. Estas semillas son máximos locales que se pueden obtener con el filtro Local Maxima también incluido en la suite. Las instrucciones del *pluging* se pueden encontrar en la página web y se pueden aplicar diferentes tipos de segmentación.

3D Spot Segmentation:
http://imagejdocu.tudor.lu/doku.php?id=plugin:segmentation:3d_spots_segmentation:start

Quizás el más interesante sea el método Gaussian Fit que primero calcula la distribución radial de la fluorescencia a partir del punto inicial o semilla y lo ajusta a una distribución de Gauss. Luego calcula el umbral local basándose en la desviación estándar de esa distribución. Con un valor de 1.17, el umbral quedará establecido a FWHM. En principio lo mejor es que el *pluging* calcule la distribución en un radio algo mayor al del objeto para minimizar la influencia de objetos cercanos en el ajuste.

Plugings > 3D > 3D Radial Distribution

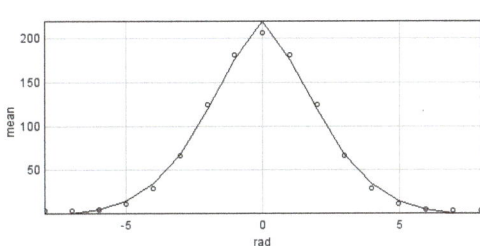

Figura 6.11 Ajuste radial de la fluorescencia a una distribución de Gauss.

Una vez establecido como se establece el umbral hay que definir como se produce el crecimiento de la ROI. Existen tres métodos: El clásico (los vóxeles adyacentes son incluidos si su fluorescencia es superior al umbral), máximo (además debe de ser menor que la de los píxeles previamente añadidos) y bloque (todos los vóxeles deben de ser mayores al umbral o ninguno será añadido).

Método de trabajo:

1. Abrimos la imagen y la filtramos si es necesario con los filtros 3Ds. `Median Filter` para eliminar el ruido, `Mean Filter` para suavizar, `Top Hat` para intensificar los puntos.

2. Utilizamos el filtro `3D Maximum Local` para generar una *Z-Stack* con las semillas.
   `Plugins > 3D > 3D Fast Filter > Maximum Local…` `Radius X, Radius Y, Radius Z` = radio del objeto multiplicado por 1,5 o 2 en píxeles (normalmente el radio en Z es menor que en x e y ya que la resolución es menor).

3. `Plugins > 3D > 3D Spot Segmentation…`
   `Seeds Threshold…` valor de fluorescencia mínimo de los puntos para evitar segmentar máximos locales que no son parte de la señal.
   `Local Threshold Method = Gaussian Fit`
   `Seeds` = nombre de la *Z-Stack* con las semillas
   `Spots` = nombre de la *Z-Stack* a segmentar
   `Local_parameter  (Gauss Fit)`
   `Radius Max` = radio utilizado para calcular las semillas.
   `Sd value` = 1.17 para FWHM
   `Seg Spot Method… Classic, Maximum o Block`
   `Volume Min` = Volumen mínimo a considerar
   `Volume Max` = Mayor que el del mayor punto en píxeles.
   `Radius for Seeds = 1`

4. Una vez segmentada cambiamos la LUT y ajustamos el brillo del resultado para cargarlo al **3D Viewer** o iniciamos el **3D Manager** y utilizamos el resultado de la segmentación para cargar las ROI.

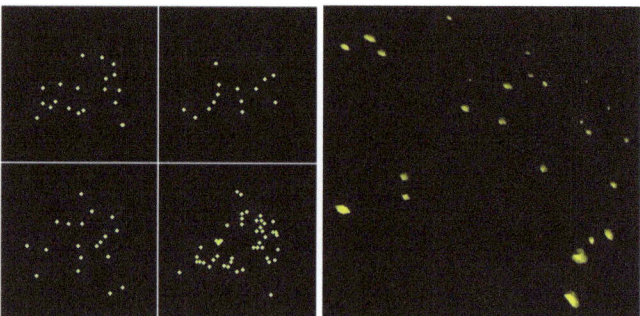

Figura 6.12 Segmentación con 3D Spot Segmentation. Nótese que los objetos que no aparecen dentro de una ROI no están completamente enfocados y aparecerán como pertenecientes a una en la sección anterior o posterior.

6.11 Crear superficies

Este es un *pluging* muy sencillo que nos permite utilizar una *Z-Stack* binarizada para crear una malla con las superficie de la imagen que le cargamos en la *Z-Stack*. Para su instalación, es igual al resto de *pluging*, hay que descargar el archivo IntSeg_3D.jar y copiarlo en la carpeta de *pluging* de ImageJ o Fiji

Create Surfaces:
http://132.187.25.13/ij3d/?page=Create_Surfaces&category=Extensions

Para crear la superficie lo primero que tenemos que obtener es una imagen binaria de nuestra *Z-Stack* (ver el apartado de filtrado y binarización). Con esa máscara solo tenemos que correr el *pluging* para obtener directamente en el **3D Viewer** una malla de la superficie del objeto con el color que deseemos. Luego podemos ir simplificándola progresivamente hasta obtener el efecto de transparencia deseado y sobre ella podemos ir cargando al **3D Viewer** otras *Z-Stacks* (binarizadas o no). El problema que tiene es que no hay manera de salvar esta malla ya que se salva la superficie entera así que tenemos que crear una película o realizar una imagen de nuestra reconstrucción en el momento. No obstante, debido a su sencillez y a lo espectacular de los resultados merece la pena utilizar este *pluging* para realizar representaciones tridimensionales.

Plugings > Segmentation > Create Surfaces… Simplify

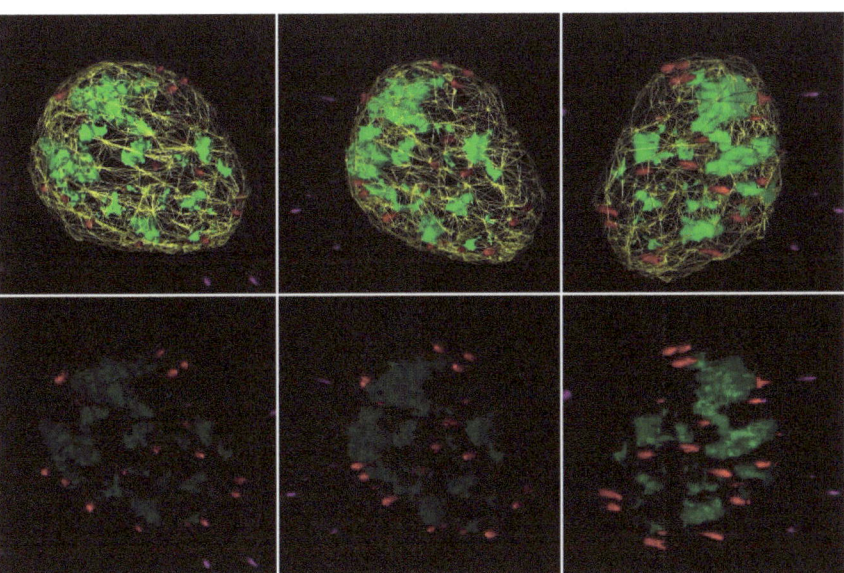

Figura 6.13 Reconstrucción de la superficie del núcleo con el *pluging* Create Surfaces.

6.12 Segmentación Manual con Segmentation_Editor

En las situaciones en las que no es posible aplicar un umbral de fluorescencia para realizar la segmentación siempre podemos realizar una segmentación manual mediante el *pluging* **Segmentation Editor**. Este *pluging* ya viene incluido por defecto en las últimas versiones de Fiji. En el caso de que sea necesario instalarlo hay que bajar el archivo Segmentation_Editor.jar de la página web *Virtual Insect Brain Lab* y copiarlo en la carpeta de *pluging*s de ImageJ o Fiji.

Segmentation_Editor:

http://132.187.25.13/home/?category=Download&page=SegmentationEditor

```
Plugings > Segmentation > Segmentation Editor...
```

En la página web de *Virtual Insect* Brain Lab (http://132.187.25.13/home/) existen instrucciones detalladas y un video tutorial de su funcionamiento que por otro lado es muy sencillo y básicamente consiste en:

```
Plugins > Segmentation > Segmentation Editor...
```

1. Utilizar cualquiera de las herramientas de selección para perfilar la región que queremos segmentar. Es interesante saber que se puede utilizar el **ROI manager** para añadir selecciones.
2. Utilizar el botón T para definir un umbral local en la zona seleccionada.
3. Utilizar los botones O y C para dilatar/erosionar la selección.
4. Cambiar de plano y repetir el proceso en los distintos planos.
5. Seleccionar 3D y utilizar el botón I (interpolar)
6. Seleccionar el material de la lista y presionar + para añadir la selección.

No es necesario realizar la segmentación de todos los planos y basta con segmentar el primer, y último plano y varios de los planos centrales ya que en aquellos planos en los que no hayamos seleccionado ninguna zona el *pluging* realizará una interpolación en el momento de segmentar. Se creará una máscara con todas las regiones que hemos seleccionado manualmente que podemos utilizar para cargarla al **3D Viewer** o para crear una ROI con el **3D Object Counter**.

6.13 Ecuaciones diferenciales con Level Sets

Una alternativa al uso de umbrales para la segmentación es el empleo del *pluging* **Level Sets** el cual emplea un conjunto de técnicas de segmentación que se basan en el empleo de ecuaciones diferenciales (PDE) para encontrar los bordes de un objeto. Parten de una región inicial o semilla que va creciendo al añadir píxeles periféricos hasta que encuentran un borde donde dejan de crecer. El *pluging* **Level Sets** ya viene preinstalado por defecto en las últimas versiones de Fiji (en caso contrario, como siempre, para instalarlo hay que bajar el archivo correspondiente a la carpeta de *pluging*) y nos ofrece dos métodos diferentes basados en PDE para segmentar nuestra imagen: el método `Fast Marching` (más básico) y el `Active Contour` (más avanzado).

El método `Fast Marching` va añadiendo píxeles hasta que la diferencia entre la intensidad de la última región y los píxeles periféricos excede de un valor predeterminado. Por el contrario el método `Active Contour` utiliza varios parámetros geométricos de la imagen para decidir si la región sigue creciendo o no y aunque es más lento también es más preciso. En el apartado dedicado a segmentación de la página web de Fiji (http://imagej.net/Level_Sets) se encuentran instrucciones detalladas junto a un ejemplo de cómo utilizar este pluging.

`Plugins > Segmentation > Level Set…`

Fast Marching

`Gray value threshold` La expansión finalizara cuando la diferencia entre los píxeles periféricos y los de la región en expansión sea mayor que este valor.

`Distance threshold` Determina la velocidad a la que se expande la región. Cuanto mayor más rápido, pero menos preciso.

`Level Sets`

Active Contour

`Advection` Determina la velocidad a la que se expande la región. Cuanto mayor más rápido, pero menos preciso.

`Propagation` Solo para el método experimental `Geodesic Active Contour`

`Curvature` Determina la importancia de la curvatura.

`Grayscale tolerance` Introduce una penalización si la diferencia entre los píxeles periféricos y los de la región en expansión es mayor que este valor.

`Convergencia` Es el valor más importante. Si los cambios en los bordes de una región en expansión son menores que este valor deja de crecer. Hay que aumentar su valor si no se frena a tiempo o disminuirlo si se frena demasiado pronto.

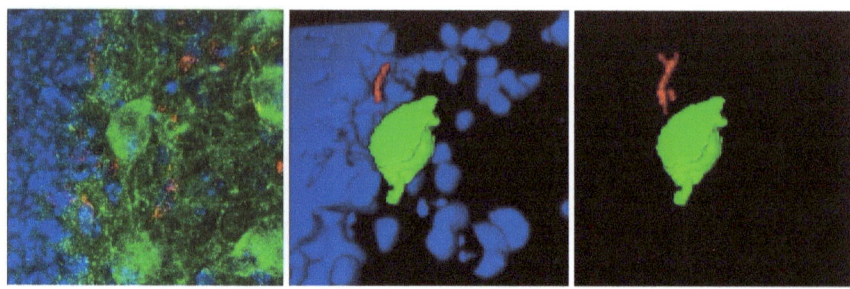

6.14 Reconstrucción de las células señaladas en la máxima proyección con
Segmentation Editor (rojo) o con Level Sets (verde).

6.14 Simple Neurite Tracer

Este *pluging* sirve para la segmentación de objetos tubulares como neuritas,
axones y otro tipo de filamentos que ya viene instalado por defecto en las
últimas versiones de Fiji. En el apartado segmentación de la propia página web
de Fiji se pueden encontrar instrucciones detalladas de su funcionamiento por lo
que no merece la pena extenderse mucho en esta guía.

Simple_Neurite_Tracer:
http://fiji.sc/Simple_Neurite_Tracer:_Step-By-Step_Instructions

Básicamente se selecciona con el ratón el inicio de un filamento y luego se van
seleccionando puntos a lo largo de su longitud para extenderlo. A veces si dos
puntos consecutivos están muy alejados o si la señal es débil al programa le
cuesta encontrar la ruta entre los dos puntos. En ese caso hay que cancelar y
seleccionar un punto más próximo hasta que encuentre la ruta correcta. Una vez
definido un filamento le indicamos que lo termine y este se añade a una ventana
de *paths*. También se pueden crear ramificaciones. Para ello hay que seleccionar
primero en la ventana de *paths* la rama principal y luego seleccionar un punto a
lo largo de la misma mientras se presiona `Ctr+ Shift` para especificar que el
inicio del filamento que vamos a definir parte del seleccionado.

Los filamentos o *paths* que vamos creando se pueden salvar y volver a cargar
posteriormente (`File > Save Traces file…`, `File > Load Traces /
SWC file…`) y realizar un análisis denominado de Sholl que entre otros
parámetros nos indica el número de ramificaciones y la longitud media y máxima
de estas. (`Analysis > Run analyze "Skeleton"`).

Además también obtener una máscara del filamento lineal (`Analysis > Make
Line Stack`) o darle volumen en función de la fluorescencia a lo largo de su

longitud (`Fill Out`) y crear la máscara a partir de este volumen. Estas máscaras se pueden cargar en el **3D Image Viewer** para hacer una reconstrucción tridimensional o también se pueden añadir al **3D Manager** para un análisis más convencional o para aplicar la ROI a otros canales. Por ejemplo se puede trazar la longitud de un axón de una neurona, luego darle volumen mediante `Fill Out` o dilatando la máscara lineal varias veces (`Plugings > Process > Dilate3D`) para crear una ROI que podemos utilizar para analizar en otro canal la intensidad de una *staining* para vesículas sinápticas a lo largo del axón.

6.15 Protocolo 15. Segmentación tridimensional de con Simple Neurite Tracer

Antes de comenzar siempre es recomendable comprobar la calibración de la imagen

`Imagen > Propiedades...`

Normalmente la geometría de los vóxeles no es isotrópica (z >> x y) y para asegurarse que el análisis es correcto es conveniente que si lo sean (ver capítulo 6.1).

`Imagen > Stacks >  Reslice...    Output spacing (microns = pixel size), Start at Top,` NO `avoid interpolation`

Seleccionar la nueva imagen y repetir

`Imagen > Stacks >  Reslice ...    Output spacing (microns = pixel size), Start at Top,` YES `avoid interpolation`

Comprobar calibración de nuevo. El tamaño del vóxel debería de ser el mismo en x, y, z. Si es así ya podemos proceder a segmentar la imagen empezando por la rama principal más larga.

`Plugins -> Segmentation -> Simple Neurite Tracer`

`Use three pane view? - YES`. Habilita las vistas XZ y ZY para la visualización de la Z-Stack lo que facilita la selección de puntos de crecimiento.

Activar `Hessian-based analysis.`

Clic en el punto del Z-Stack donde comienza la rama principal con la herramienta Mano (`Hand Tool`) activada. La cruz roja indica la posición en las tres diferentes vistas del *Stack*, pero es necesario mantener presionado `Shift` para que estén sincronizadas.

A continuación selecciona otro punto a lo largo de la rama que estás tratando de segmentar y el *pluging* automáticamente buscará el camino con píxeles de más intensidad entre ambos puntos. Si este es correcto haz clic para confirmarlo Yes [y] y si no escoge la opción de no incluirlo No [y] en el path y vuelve a seleccionar otro punto más cercano al origen. Continúa seleccionando puntos y añadiéndolos hasta completar la rama. Entonces selecciona la opción Finish Path para añadirlos a la listade *paths* (rutas) seleccionados.

Para realizar una ramificación selecciona el *path* sobre el que quieres realizarla en la lista de *paths* (este se colorea de verde) y mantén presionado Ctrl mientras seleccionas el punto de ramificación con un clic. Continua segmentando esta ramificación hasta completar el *path* de la misma forma que antes.

Para salvar los paths File > Save Trace Files... utiliza el mismo nombre que el del *Z-Stack* y guárdalo en la misma localización. De esta forma la próxima vez que inicialices el *pluging* será automáticamente reconocido. También se pueden cargar el archivo con los *path* mediante File > Load Traces/SWC files...

Una vez segmentada todas las ramificaciones de la neurona podemos proceder al análisis.

Analisis básico

Analysis> Run analyze skeleton....

Prune ends... NO

Análisis de Sholl

Select the primary path = path(0)

Hold Ctr+shift y sitúa el ratón sobre el soma sin hacer clic.
Manteniendo aún presionado Ctr+shift presiona la letra a para lanzar el menú de análisis de Sholl.

Use all paths = YES

Use Standard axes = YES

No normalization of intersections = YES

Draw Graph

Add to Results Table

Basándose en la distancia que aparece en la gráfica selecciona una separación entre esferas apropiada (distancia/separación $\approx$ 10 -20). Utiliza la misma separación entre esferas para diferentes muestras del mismo experimento.

Reconstrucción tridimensional de los paths seleccionados

Analysis > Make Line Stack

Selecciona Paths rendered in a Stack**y**Process > Binary > Erode
(1 or 2 cycles)

Plugings > 3D Viewer > Image - Paths Rendered in a Stack

Display: Surface

Threshold: > 1

Sampling: 1 o 2 (binning)

Color: red, green, blue

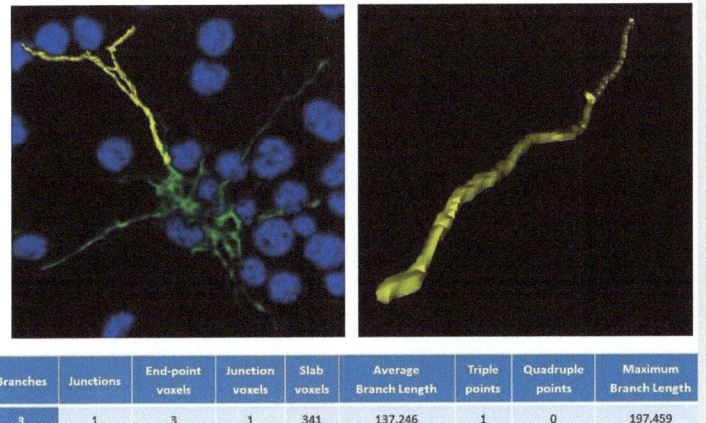

Branches	Junctions	End-point voxels	Junction voxels	Slab voxels	Average Branch Length	Triple points	Quadruple points	Maximum Branch Length
3	1	3	1	341	137.246	1	0	197.459

6.15 Reconstrucción y medidas de una ramificación de astrocito con el *pluging* Simple Neurite Tracer.

Enlaces de interés

ImageJ: http://rsb.info.nih.gov/ij/

ImageJ2: https://imagej.net/ImageJ2

Fiji: http://fiji.sc/Fiji

Imágenes de ejemplo:
https://drive.google.com/drive/folders/0BxDCQkjdYLA2UjZfWlRlUE9BYk0

Bio-Formats: http://www.openmicroscopy.org/site/products/bio-formats

Basics of Image Processing and Analysis:
http://wiki.cmci.info/documents/ijcourses#macro_programming_in_imagej/

Macro Programming in ImageJ:
http://wiki.cmci.info/documents/ijcourses#macro_programming_in_imagej/

Cell Counter: http://rsbweb.nih.gov/ij/plugins/cell-counter.html
Manual Tracking: https://imagej.nih.gov/ij/plugins/track/track.html

Iterative Deconvolve 3D: http://www.optinav.com/Iterative-Deconvolve-3D.htm

Diffraction PSF 3D: http://www.optinav.com/Diffraction-PSF-3D.htm

DeconvolutionLab: http://bigwww.epfl.ch/deconvolution/deconvolutionlab1/

3D Fast Filters:
http://imagejdocu.tudor.lu/doku.php?id=plugin:filter:3d_filters_with_jni:start

3D Processing and Analysis with ImageJ:
http://imagejdocu.tudor.lu/doku.php?id=tutorial:start

3D Viewer: http://3dviewer.neurofly.de/

3D Object Counter: http://fiji.sc/wiki/index.php/3D_Objects_Counter

3D ROI Manager:
http://imagejdocu.tudor.lu/doku.php?id=plugin:stacks:3d_roi_manager:start

3D ImageJ Suite:
http://imagejdocu.tudor.lu/doku.php?id=plugin:stacks:3d_ij_suite:start

3D Spot Segmentation:
http://imagejdocu.tudor.lu/doku.php?id=plugin:segmentation:3d_spots_segment
ation:start

IntSeg: http://3dviewer.neurofly.de/

Segmentation Editor:
http://132.187.25.13/home/?category=Download&page=SegmentationEditor

Level Sets: http://fiji.sc/Level_Sets

Simple Neurite Tracker: http://fiji.sc/Simple_Neurite_Tracer

Imagen de Lenna: https://en.wikipedia.org/wiki/Lenna

Bibliografía recomendada

A guide tour into subcellular colocalization analysis in light microscopy. S. Bolte & F. P. Cordelières (2006) Journal of Microscopy, Vol 224: 213-232.

A practical guide to evaluating colocalization in biological microscopy. Kenneth W. Dunn, et al.(2011) Am J Physiol Cell Physiol 300: C723-C742.

Automatic Morphometry of Synaptic Boutons of Cultured Cells Using Granulometric Analysis of Digital Images. Prodanov, D.; Heeroma, J. & Marani, E. (2006) Journal of Neuroscience Methods 151: 168-177, PMID 16157388.

Avoiding Twisted Píxels: Ethical Guidelines for the Appropiate Use and Manipulation of Scientific Digital Images. Douglas W. Cromey (2010) Science and Engineering Ethics, Vol. 16, Issuse 4, 639-667.

Bioimage Data Analysis. Kota Miura (2016) Wiley, ISBN 978-3-527-34122-1.

Biological Imaging Software Tools. Kevin W. Eliceiri at al. (2012) Nature Methods, vol.9, 697-710.

Cell cycle staging of individual cells by fluorescence microscopy. Vassilis Roukos et al. (2015) Nature Protocols, nº 2, Vol. 10, 334-348.

Digital Image Procesing (2002) Rafael C. González and Richard Eugene Woods. Prentice Hall, ISBN 978-0131687288.

Endocytosis as a Biological Response in Receptor Pharmacology: Evaluation by Fluorescence Microscopy. Víctor M. Campa et al. (2015) PLOS One, http://dx.doi.org/10.1371/journal.pone.0122604.

Fiji: An Open-Source Platform for Biological-Image Analysis. Johannes Schindelin et al. (2012) Nature Methods, vol.9, 675-682.

Handbook of Biological Confocal Microscopy. James B. Pawley (2006) Springer USA, ISBN 978-0-387-25921-5.

Image Processing with ImageJ. Jurjen Broeke, Jose Maria Mateos Perez, & Javier Pascau (2015) Packt Publishing, ISBN 978-1-78588-983-7.

Intrinsic Properties of Limb Bud Cells can be Differentially Reset. Patricia Saiz-López, et al. (2017) Development, 144: 479-486; doi: 10.1242/dev.137661.

NIH Image to ImageJ: 25 Years of Image Analysis. Caroline A. Schneider et al. (2012) Nature Methods, vol.9, 671-675.

Principles of Digital Image Processing: Fundamental Techniques.Wilhelm Burger & Mark J. Burgue (2009) Springer-Verlag London, ISBN 978-1-84800-190-9.

Principles of Digital Image Processing: Core Algorithms. Wilhelm Burger & Mark J. Burgue (2009) Springer-Verlag London, ISBN 978-1-84800-194-7.

Seeing is Believing? A Beginners Guide to Practical Pitfalls in Image Adquisition.Alison J. North (2006) Journal of Cell Biology, vol. 172, 9-18.

The Good, the Bad and the Ugly.Helen Pearson (2007) Nature, vol. 447, 138-140.

What's in a Picture?The Temptation of Image Manipulation. Mike Rossner & Kenneth M. Yamada (2004) Journal of Cell Biology, Vol.166, 11-15.

Glosario

A

aclaramiento, 1
adquisición, 6, 1, 5, 9, 10, 11, 15, 17,
  37, 40, 41, 55, 64, 78, 81, 82
área real, 2
área relativa, 2
autofluorescencia, 8, 38, 43, 44, 45, 58

B

background, 8, 37, 38, 43, 46, 51, 54,
  59, 64, 68, 73, 79
barra de escala, 7, 2, 14, 24, 25, 26, 27,
  31
binding no específico, 46
bit depth. profundidad de bits
bleaching. aclaramiento
bleedthrough, 10, 11, 45, 46, 47
brillo, 7, 10, 11, 12, 20, 21, 22, 23, 33,
  34, 42, 49, 74, 75, 82, 83, 86, 95, 99

C

calibración, 7, 25, 26, 27, 66, 73, 74,
  104
campo de visión, 1
canal, 3, 4, 13, 18, 19, 21, 23, 43, 44,
  45, 46, 63, 79, 88, 94, 103
colocalización, 9, 64, 78, 79, 80, 97
contraste, 7, 6, 10, 12, 20, 21, 22, 23,
  33, 34, 35, 36, 38, 42, 51, 53, 54, 74,
  75, 82, 83, 86, 95
convolución, 8, 6, 46, 48, 49, 54, 57, 59
cuantificación, 5, 8, 9, 5, 7, 12, 22, 28,
  61, 63, 64, 66, 67, 70, 73, 75, 87, 114

D

deconvolución, 2, 6, 7, 12, 15, 47, 59,
  60
diámetro de Feret, 26
dilatación, 57, 77
dimensiones, 4
disco de Airy, 2
dominio de frecuencias, 8, 58, 59
dominio espacial, 58
dots per inch. píxeles por pulgada
dpi.. *píxeles por pulgada*

E

ecualización, 6, 35, 36
erosión, 57, 77
exposición, 10, 20, 34, 35, 43, 65

F

Fast Fourier Transform, 8, 58
FFT. *fast fourier transform*
Field of View. *campo de visión*
Fiji, 16
filtrado. *convolución*
filtros lineales, 50, 59
filtros morfológicos, 57, 61, 68
filtros no lineales, 8, 55
fluorescencia media, 38, 43, 66, 97
fluorescencia total, 66
fondo. *background*
formato, 3
fototoxicidad, 1, 81
FOV. *campo de visión*
full width half maximum, 64

T

tamaño, 24

tamaño de impresión, 1

tamaño del píxel de la imagen, 2

tamaño del píxel del chip, 2

TIFF, 3

timelapse, 7, 28, 29, 30, 32

tipo, 3

U

umbral, 9, 6, 36, 40, 61, 62, 64, 65, 66, 67, 68, 69, 70, 72, 75, 76, 79, 80, 86, 88, 89, 92, 93, 94, 95, 97, 98, 100, 101

V

vista ortogonal, 85

vóxel, 4

Sobre el autor

Víctor Campa es licenciado en Bioquímica y Doctor en
Biología Molecular por la Universidad de Oviedo. Ha
trabajado varios años como investigador postdoctoral en el
The Burnham Institute for Medical Research en San Diego y
en el *Centro Investigacion Cooperativa Biogune* de Bilbao
estudiando los mecanismos de diferenciación celular.
Durante esos años ha trabajado habitualmente con
microscopios confocales y de campo amplio tanto en vivo como en células fijadas
y en todas sus publicaciones se pueden encontrar imágenes de microscopía y
datos cuantitativos obtenidos a partir de ellas. Actualmente cuando no está
disfrutando con la familia o fotografiando los paisajes del norte de España
trabaja en el *Instituto de Biomedicina y Biotecnología de Cantabria* donde es el
responsable del Servicio de Microscopía y participa habitualmente en proyectos
de investigación, colaborando con los investigadores del centro en el análisis y
cuantificación de las imágenes obtenidas en el Servicio.

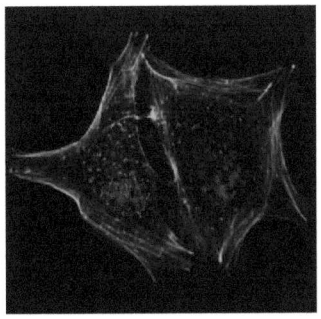

www.ingramcontent.com/pod-product-compliance
Lightning Source LLC
Chambersburg PA
CBHW040904180526
45159CB00010BA/2919